JOACHIM BÖTTCHER
TOOLS FÜR KREATIVE QUERKÖPFE

JOACHIM BÖTTCHER

TOOLS FÜR KREATIVE QUERKÖPFE

SELBSTERKENNTNIS UND GEISTESBLITZE MIT SYSTEM

alertverlag.
bücher auf der höhe der zeit

Joachim Böttcher ist aktives Mitglied der
Deutschen Gesellschaft für Kreativität.
Kontakt: joachimboettcher@web.de

Deutsche Gesellschaft für Kreativität /
German Association for Creativity e.v.
www.kreativ-sein.de

Bibliografische Information der Deutschen Nationalbibliothek
Die Deutsche Nationalbibliothek verzeichnet diese Publikation in der Deutschen Nationalbibliografie;
detaillierte bibliografische Daten sind im Internet über http://dnb.d-nb.de abrufbar

© Alert-Verlag
 Rheinstraße 46 • D 12161 Berlin
 Telefon: (0 30) 76 69 99-80
 www.alertverlag.de

ISBN: 978-3-941136-01-4
1. Auflage 2008

Gestaltung: Michael Reichmuth, Berlin; Umschlagbild: © Radhoose - Fotolia.com
Bildnachweis: Fotos: Digital.Vision, Getty Images, Photodisc (royalty free); Schaubilder: Joachim
Böttcher; Skizzen: Michael Reichmuth
Sämtliche Rechte vorbehalten
Printed in Germany

A n d r e a
für das Erleben wahrer Liebe.

D a v i d   u n d   S i m o n
für das Erleben kindlicher Kreativität.

R e n a t e
für das Erleben echter Kraft.

R o l a n d
für das Erleben der Vergänglichkeit.

C o r d u l a
für das Erleben emsiger Großzügigkeit.

A n d r e a s
für das Erleben der Leichtigkeit des Seins.

„Jeder Mensch ist kreativ."
Joy Paul Guilford

Geschätzte Leserin, geschätzter Leser,

Jeder Mensch hat kreative Fähigkeiten, wenn auch in Art und Ausmaß unterschiedlich. Dieses Buch richtet sich an Menschen mit besonderer kreativer Begabung. Kreative Menschen weisen in nahezu allen Fällen eine deutliche Nutzungspräferenz der rechten, für ganzheitlich Bildliches und Musisches zuständigen Hirnhemisphäre auf. Leider geht die verstärkte Nutzung dieser Hirnhälfte fast immer zu Lasten eines Aspektes: Da die linke, für Logik, Ordnung und sequenzielle Prozesse verantwortliche Hirnhälfte ein vernachlässigtes Schattendasein fristet, leiden diese Menschen oft an einem Selbstmanagement, das den Namen Management Lügen straft. Kurzum: Sie sind meist der Inbegriff des „Schluris" und ertrinken im Chaos.

Zu Beginn prüfen Sie für sich ganz persönlich, welche Hirnhemisphäre Sie bevorzugt einsetzen, wie Sie Entscheidungen treffen, ob Sie eher extra- oder introvertiert sind, kurz: ob Sie potenziell zur Zielgruppe der Menschen mit besonders kreativer Begabung gehören. Nach einem Kapitel über die Arbeitsweise unseres Gehirns planen Sie ganz nebenbei Ihre Lebensziele, bevor Sie im nächsten Kapitel Wege aufgezeigt bekommen, wie man diese gesetzten Ziele auch wirklich erreicht.

Kreative neigen dazu, in den Tag zu starten, ohne sich zu fragen, wohin sie dieser Tag bringen soll. So agieren sie zwar, verfallen jedoch letztlich in blinden Aktionismus und enden im *Nirwana*. Dieser Ratgeber bietet Menschen mit besonderem Potenzial für Kreativität eine einfache Anleitung, im täglichen Rennen um die vordersten Plätze gegenzusteuern: die Methode „RACE".

Da bekanntlich mit der richtigen Motivation aus nichts alles werden kann und ohne diese aus allem nichts zu werden droht, lernen Sie anschließend den inneren Schweinehund besser kennen und wie Sie ihn möglichst dauerhaft besiegen können.

Die Frage „Wer bin ich?" bildet den Kern des folgenden Kapitels. So richtig im Klaren über das eigene Persönlichkeitsprofil sind sich nur wenige. Dabei ist diese Selbsterkenntnis des eigenen Profils sprichwörtlich der erste Schritt zur Besserung und bringt mit Erkenntnis der eigenen Stärken und Schwächen einen oft sehr schnell sehr viel weiter. Sind Sie eigentlich der „Regisseur" Ihres Lebens? Welche Eigenschaften hat die „Maske", die Sie täglich aufsetzen? Was sehen andere und was sehen Sie bei anderen? Darauf aufbauend gibt der Ratgeber Ihnen auch einen Überblick darüber, wie Ihre „Maske" in der Zusammenarbeit mit anderen – auch kreativen – Persönlichkeiten zurechtkommt.

Oft sind Kreative Querdenker und haben Charisma, ein vermeintlicher Kommunikationsvorsprung. Dennoch ist das mit der Kommunikation auch bei charismatischen Menschen so eine Sache. Oft gelingt sie, in den meisten Fällen sogar ganz unbewusst. Doch wenn etwas schiefgeht, dann geht es meist richtig schief. In diesem Kapitel lernen Sie vier „Kommunikationsberater" kennen, die Ihnen künftig zur Seite stehen.

Kreative sind meist extravertierte und kontaktfreudige Menschen. Daraus erwächst im Networking, dem Management eines Beziehungsgeflechts, ein besonderes Problem. Es wird versucht, zu viele private wie berufliche Beziehungen zu pflegen. Mit dem Effekt, dass kaum eine richtig gepflegt wird.

Aufgrund ihrer extravertierten Natur und der charismatischen Art könnte man die Kreative oder den Kreativen für die optimale Besetzung im Vertrieb halten. In diesem Kapitel werden Wege aufgezeigt, wie Sie, lieber Leser, sich und Ihre Leistungen bestens verkaufen können.

Beim Umgang mit dem lieben Geld neigen Kreative eher zur Ordnungslosigkeit. Zudem lassen sie sich auch bei Finanzentscheidungen eher von Emotionen steuern. Damit sind Kreative hier besonders gefährdet, den Überblick zu verlieren oder z. B. auf der Jagd nach fantastischer Rendite eine unsachliche Anlageentscheidung zu treffen. Dieses Kapitel vermittelt einige einfache Regeln, mit denen Kreative im Verlauf der Zeit auch ihre finanziellen Ziele erreichen können.

Creo ergo sum – ich erschaffe, also bin ich! Nach der Pflicht folgt zu guter Letzt die Kür. In einer separaten „Werkzeugkiste" stellt das letzte Kapitel Ihnen Tools aus der Praxis zur Verfügung, mit denen sich Ihre Kernkompetenzen der Business-Kreativität und Innovationskraft noch gezielter und besser einsetzen lassen – für Geistesblitze mit System und damit für Ihren beruflichen Erfolg.

Viel Spaß beim Lesen.

Hünstetten (Taunus), im Frühjahr 2008

Inhalt

KAPITEL 1

Neigen Sie zu kreativem Chaos?

Um diese Frage beantworten zu können, müssen einem die Bedeutungen zweier Begriffe klar sein: Was heißt Kreativität? Und was verbirgt sich hinter dem oftmals mystischen und in unseren Breitengraden (zu Unrecht?) leicht negativ behafteten Begriff des Chaos?

An einer Definition des Begriffs Kreativität haben sich bereits viele ausgetobt. Tatsächlich gibt es in Deutschland eine Deutsche Gesellschaft für Kreativität, die sich die Förderung der Kreativität in Deutschland auf die Fahnen geschrieben hat. Sie versteht unter Kreativität „die Fähigkeit, Wissen und Erfahrungen aus verschiedenen Lebens- und Denkbereichen unter Überwindung verfestigter Struktur- und Denkmuster zu neuen Ideen zu verschmelzen" (Näheres dazu hier: www.kreativ-sein.de).

Sicherlich eine der treffendsten Umschreibungen des Wortes Chaos findet sich im Buch der Bücher, der Bibel. Hier wird Chaos mit Tohuwabohu umschrieben, womit ein großes Durcheinander und Wirrwarr gemeint ist (Genesis 1, 1–5). Dieser Wirrwarr bedarf schließlich immerhin des Eingriffs keines Geringeren als Gottes selbst, um seine kosmische Ordnung zu erhalten, ohne die laut

Albert Einstein genauso wenig etwas existieren kann, wie ohne ebenjenes Chaos etwas zu entstehen vermag. Und schon befinden Sie sich mitten in einer Bewertung des Begriffs. Warum nur ist in unserem Kulturkreis das Chaos so negativ behaftet, wo es doch die Quelle allen Entstehens zu sein scheint? Oder ist es gar nur deshalb so in Verruf, da es ebenfalls laut Einstein eines Genies bedarf, um es zuerst einmal zu verstehen und dann den Versuch zu unternehmen, es zu beherrschen?

Ein Mensch wird nun einmal durch den Umgang mit anderen Menschen zu dem Menschen, der sie oder er ist. Heraus kommen so z. B. eben betont kosmische, sprich ordentliche und sachliche, oder betont chaotische, sprich bis zur Verwirrtheit unordentliche, aber eventuell besonders schöpferische, kreative Menschen. Bei der zweiten Gattung handelt es sich verstärkt um extravertierte Menschen, also solche Menschen, die ihre Energie aus dem Gespräch mit anderen beziehen. Sie vertrauen ihren Gefühlen und entscheiden gerne aus dem Bauch heraus. Genauso gerne leben sie in den Tag hinein, lassen den Dingen ihren Lauf und versuchen einfach, flexibel auf die Erfordernisse des Alltags zu reagieren, immer vertrauend, dass sie intuitiv das Richtige tun werden. Und nun das Kuriose: Diese Menschen fühlen sich im Chaos auch noch wohl! Sie brauchen es geradezu, um hieraus ihre schöpferische Kraft zu beziehen.

Heute weiß man: **Jeder Mensch hat kreative Fähigkeiten**. In Art und Ausmaß sind diese jedoch durchaus unterschiedlich ausgeprägt. So gibt es eben weniger kreative Menschen und Menschen mit geradezu erstaunlichen kreativen Fähigkeiten. Wo Licht ist, ist bekanntlich auch Schatten. So geht mit der Fähigkeit, außergewöhnlich kreativ zu sein, oft auch das Chaos, der Verlust der ordnenden Struktur einher.

Um nun herauszufinden, ob Sie ein Mensch mit außergewöhnlichem Kreativitätspotenzial und somit mit latentem Hang zum „Chaos" sind, beantworten Sie einfach die nachfolgenden zehn Fragen.

Gehen Sie hierbei schnell vor. Lassen Sie sich von Ihrer Intuition leiten und kreuzen Sie die Antworten möglichst rasch an. Beachten Sie, dass es hierbei weder „richtig" noch „falsch" gibt.

❶ Welches der beiden Bilder kommt Ihrem Verhalten bei der Zeitplanung für die Erledigung einer Aufgabe am nächsten?

❷ Welches der beiden Bilder entspricht am ehesten Ihrem bevorzugten Verhalten beim Einkaufen?

❸ Welches der beiden Bilder kommt Ihrem persönlichen Umgang mit Fehlern am nächsten?

❹ Welches Bild transportiert am ehesten, worauf Sie in Ihrer Entscheidungsfindung vertrauen?

❺ Eine neue Produktlösung soll her. Welches Bild verdeutlicht am ehesten, wie Sie sich dabei fühlen?

6   Eine neue Idee soll präsentiert werden. Welche der hier dargestellten Arten bevorzugen Sie persönlich?

7   Welches der folgenden Bilder bringen Sie am ehesten in Bezug zu Ihrer persönlichen Herangehensweise an Aufgabenstellungen?

 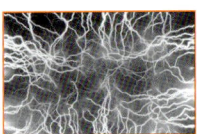

8   Welches Bild verdeutlicht die von Ihnen benötigte Informationsdichte an Fakten, um Entscheidungen fällen zu können?

9   Reisen an Ihnen bislang unbekannte Orte, Aufbruch zu neuen Ufern. Welches Bild zeigt, wie Sie sich fühlen?

10   Ein neues Projekt steht an. Welches Bild zeigt, wie Sie sich bei der Übernahme der Aufgabe fühlen?

Nun? Haben Sie alle Fragen möglichst rasch beantworten können? Dann wenden Sie sich nun der Auswertung zu. Diese liefert eine erste Indikation dafür, welche Seite Ihres Gehirns Sie bevorzugt zur Problemlösung einsetzen.

Ganz wichtig hierbei ist die Beachtung zweier Dinge:

1. Dies ist lediglich ein Kurztest. Auch ein versierter und detaillierter Test könnte nur näherungsweise Aufschluss über Ihre ganz persönliche Denk- und Problemlösungspräferenz geben. Schön hieran ist jedoch, dass Sie immerhin eine Tendenz erfahren.

2. Verdeutlichen Sie sich den Unterschied zwischen einer Präferenz (dem bevorzugten Einsatz) und einer Fähigkeit. Der Test trifft eine Aussage über Ihre persönlichen Präferenzen, was die Nutzung der beiden Gehirnhemisphären angeht. – Oder anders: Die Aussage, dass Sie z. B. bevorzugt die rechte Gehirnhälfte zur Problemlösung einsetzen, heißt nicht, dass Sie keine linke Gehirnhälfte besitzen und dass Sie diese nicht nutzen könnten. Logisch können Sie das – nur bevorzugen Sie eben die Benutzung der anderen Gehirnhälfte.

Auswertung

Werten Sie das Bilderrätsel anhand des folgenden Schlüssels aus und zählen Sie die Punkte zusammen. So erhalten Sie einen ersten Indikator, welche Hälfte Ihres Gehirns Sie voraussichtlich bevorzugt zur Problemlösung einsetzen.

Was das konkret bedeutet und mit welchen psychologischen Tests Sie diese Analyse kostengünstig deutlich verfeinert durchführen lassen können, erfahren Sie im weiteren Verlauf dieses Ratgebers.

❶ Links = 0 : rechts = 1   ❷ Links = 0 : rechts = 1
❸ Links = 0 : rechts = 1   ❹ Links = 1 : rechts = 0
❺ Links = 1 : rechts = 0   ❻ Links = 0 : rechts = 1
❼ Links = 0 : rechts = 1   ❽ Links = 0 : rechts = 1
❾ Links = 1 : rechts = 0   ❿ Links = 1 : rechts = 0

0 bis 5 Punkte

Bei der Lösung Ihrer Herausforderungen vertrauen Sie wahrscheinlich eher auf logisch-analytische Herangehensweisen und arbeiten Ihre Aufgaben der Reihe nach ab. Zeitplanung und Zeitempfinden sind Ihnen als Konzepte vertraut und Sie setzen diese auch bewusst ein. Sie neigen dazu, Neues zu meiden, um Fehler gar nicht erst zu begehen. Ihr Leben besteht eher aus Kontrolle und Vernunft als aus Chaos. Nutzen Sie diesen Ratgeber, um Ihr Wissen über Ordnung und Struktur zu bereichern, und öffnen Sie sich neuen Herangehensweisen.

6 bis 10 Punkte

Ihnen fallen kreativ-innovative Aufgaben selbst dann noch leicht, wenn der durchschnittlich kreative Mensch bereits glaubt, scheitern zu müssen. Kreativität bestimmt Ihr Leben. Sie lieben das Chaos und nutzen es, um Ihre Schöpfungen zu erzeugen. Meistens stürzen Sie sich auf mehrere Aufgaben gleichzeitig, sind sprunghaft, dabei oft herrlich inkonsequent und neigen so dazu, sich zu verzetteln und erst den Überblick und dann das letzte kleine bisschen Kontrolle zu verlieren. Leider geht Ihre außergewöhnliche Kreativität zu Lasten des Empfindens von Ordnung, das bei Ihnen vermutlich ein vernachlässigtes Schattendasein fristet. Ihr Selbstmanagement dürfte den Namen Management Lügen strafen. Kurzum: Sie sind vermutlich der Inbegriff eines „Schlampis" und ertrinken im Chaos. Nun die gute Nachricht: Dieser Ratgeber wurde genau für Leute wie Sie konzipiert und geschrieben. Nutzen Sie ihn!

Wie arbeitet unser Gehirn eigentlich?

Was treibt die Spezies Mensch an? Woher beziehen wir unseren Antrieb? Was steuert unsere Funktionen? Antwort: Es ist unser Gehirn, das die allermeisten Funktionen unseres Körpers steuert. Doch wer weiß schon, wie es funktioniert? Zumindest halbwegs.

Da es genau wie vor dem Start in ein Autorennen töricht wäre, sich in den Wagen zu schwingen, ohne vorher einen Blick unter die Motorhaube geworfen zu haben, wollen auch wir uns nun ein wenig mit der Arbeits- und Funktionsweise unseres Gehirns beschäftigen. Dabei wollen wir ganz nebenbei erfahren, was eine Präferenz eigentlich von einer Fähigkeit unterscheidet. Und wie und warum unsere verschiedenen – meist im Laufe der frühen Kindheit ausgeprägten – Verhaltenpräferenzen unser persönliches Profil bilden. Oder kurz: Warum sind wir so, wie wir sind? Was für Stärken resultieren daraus? Und welche Schwächen leiten sich davon ab?

Rechts – links: das Prinzip der Arbeitsteilung

Frederick W. Taylor (1856–1915), der „Erfinder" des Prinzips der Arbeitsteilung, hätte seine wahre Freude an der Funktionsweise unseres Gehirns gehabt. Unser Gehirn arbeitet mit zwei streng verteilten Rollen. Zwei Nervensysteme steuern die wesentlichen Funktionen unseres Körpers:

- Der „Sympathikus", die linke Hirnhälfte, ist das System der Aktion. Hier wird blitzschnell über Situationen entschieden, z. B. bei einer Gefahr, ob wir angreifen oder flüchten sollten.

- Der „Parasympathikus (Vagus)", die rechte Hirnhälfte, steuert und aktiviert Passivität (lustige Formulierung …). Er sorgt für die nötige Erholung und den Aufbau von beispielsweise Kraftreserven z. B. für den Fall einer Auseinandersetzung.

Damit die Vorgänge in unserem Körper ohne größeres „Geknirsche" im Gebälk reibungslos ablaufen, sollten beide Nervensysteme miteinander harmonisch verzahnt arbeiten. Diese Ausgewogenheit ist uns tatsächlich eigentlich sogar angeboren, wird jedoch durch die Erziehung, Ängste, Stress und weitere Faktoren oft in eine bestimmte Richtung „verschoben". Wir lernen, einem bestimmten Verhalten den Vorzug zu geben, da es uns leichter fällt, uns so zu verhalten. Dabei gewinnt eines der Nervensysteme quasi die Oberhand, und es kommt zu den typischen Verhaltensweisen eines Menschen mit Rechtshirn- oder Linkshirndominanz.

Um das besser zu verstehen, lassen wir folgenden Dialog vor unserem geistigen Auge ablaufen. Es unterhalten sich Otto Schluri und Paula Pingel, zwei Kontakter der kleinen aber feinen Kreativagentur „Die wilde 13", die uns im Verlauf des Ratgebers häufiger begegnen werden …

Otto Schluri:	*„Dass ich nie aufräume und unser Leben nicht im Griff habe, ist ja wohl erstunken und erlogen. Übrigens finde ich es echt beknackt, dass du andauernd allen Mitarbeitern erzählst, ich könne keine Ordnung halten."*
Paula Pingel:	*„Erstens: Du räumst tatsächlich nie auf. Zweitens: Ich habe unsere Agentur hier im Griff. Drittens bitte ich dich, die Emotionen herauszunehmen und den Sachverhalt auf die wesentlichen Fakten zu reduzieren. Und Fakt ist: Du bist der totale Chaot. Und daran wird sich wohl so schnell auch nichts ändern."*
Otto Schluri:	*„Ach ja? Hast du mal darüber nachgedacht, wie langweilig dein Leben hier ohne mich wäre? Ohne Bilder? Ohne laute Mucke im Büro? Ohne Spontaneität und Eingebung?"*
Paula Pingel:	*„Darf ich dich dran erinnern, dass das nicht Gegenstand unserer Diskussion ist? Abgesehen davon hättest du ohne mich überhaupt keine Zeit, dir über so etwas Gedanken zu machen. Du würdest nämlich in deinem Chaos total absaufen."*
Otto Schluri:	*„Und nur das Genie beherrscht das Chaos, wie? Und das Genie sollst dann wohl du sein, wie?"*
Paula Pingel:	*„In aller Bescheidenheit: Ja."*
Otto Schluri:	*„Klingt für mich eher nach ‚Mit Volldampf in den Herzinfarkt'? Ohne mich. Auf mich wirkt das eher, als wolltest du alles und jeden in eine Zwangsjacke aus Normen zwängen. Du bist immer so scheißberechnend. Spürst du das eigentlich?"*

Paula Pingel: „Das perlt alles an mir ab. Gefühle im Business sind was für Weicheier. Ich gehe die Dinge nun mal lieber strukturiert und planerisch an. Soll ich die Zukunft unserer Agentur etwa dem Zufall überlassen? Ich bin nun mal kein Sponti wie du. Ich schlage immer den Weg ein, der am wahrscheinlichsten zum Erfolg führt …"

Otto Schluri: (unterbricht) „Wenn er denn dahin führt. Mensch, ist das öde. Viele Wege führen nach Rom, heißt es doch so schön."

Paula Pingel: „Könntest du mal damit aufhören, mich dauernd zu unterbrechen? Dass viele Wege zum Ziel führen, mag logisch betrachtet korrekt sein. Nur dauert es einfach viel zu lange, diese Varianten alle detailliert zu analysieren …"

Otto Schluri: (unterbricht) „Sorry, dass ich dir schon wieder ins Wort falle. Aber hast du mal darüber nachgedacht, wegen deiner Analyse-Neurose zum Arzt zu gehen? (lacht) Ohne mich würdest du wahrscheinlich nie in irgendeine Richtung losgehen. Überhaupt, wo wäre die Agentur eigentlich ohne mich?"

Paula Pingel: „Was soll das denn nun schon wieder heißen?"

Otto Schluri: „Na, wenn wir nur so Gestalten wie dich hier hätten, würden alle ewig und drei Tage über einem Problem brüten, ohne je eine Lösung zu entwickeln. Das könnt ihr nämlich irgendwie nicht so recht. Dafür muss man nämlich intuitiv handeln. Bei Leuten wie mir muss nicht jeder Schritt gleich der richtige sein. Ich schwelge auch ganz gerne mal in Erinnerungen, baue Luftschlösser – eines übrigens schöner als das andere – und forsche ganze gerne mal im Ungewissen. Und dann freue ich mich, wenn etwas völlig Neues, Unerwartetes passiert. Ach ja, am coolsten sind ja wohl meine Präsentationen. Ohne mich würden wir hier nie einen Etat holen. Das nennt man übrigens Charisma." (grinst)

Paula Pingel: „Du bist ein hoffnungsloser Fall. Für mich ist das, was du da sagst, der blanke Horror."

Otto Schluri:	„Stimmt. Präsentieren war nie deine Stärke. und dann brauchst du für alles sofort eine plausible Erklärung, sonst tauchen immer gleich diese Sorgenfalten auf deiner Stirn auf. Wenn du mich wegen irgendwelcher belangloser Zahlen anmachst, nervt das übrigens total. Aber Hand aufs Herz: Gebe ich der ganzen Sache hier nicht so etwas wie eine persönliche Note, Emotionen, Elan und Swing?" (lacht)
Paula Pingel:	„Dieser Hang zur Selbstüberschätzung. Bei Gelegenheit musst du mir mal erklären, wie du es mit dir selbst aushältst. Und dann diese Gefühlsduselei; das ist mir doch alles völlig fremd. Dabei könntest du ohne mich nicht einmal ein einziges vernünftiges Wort zu Papier bringen."
Otto Schluri:	„Ja, ja, ja. Schon gut. Und was lernen wir daraus?"
Paula Pingel:	„Ganz logisch betrachtet? Ich fürchte, wir kommen voneinander nicht los. Ich fürchte aber auch, dass wir uns auch in Zukunft oft streiten werden."
Otto Schluri:	„Mir kommen die Tränen. Und jetzt komm endlich! Amüsieren wir uns! Lass uns was trinken gehen!"

Paula Pingel und ihr Geschäftspartner Otto Schluri verkörpern nahezu in Reinkultur die wesentlichen Eigenschaften beider Gehirnhälften. Paula Pingel setzt bei der Lösung ihrer Aufgaben bevorzugt bis ausschließlich auf ihre linke Gehirnhälfte. Otto Schluri vertraut auf die rechte Gehirnhälfte. Gehen wir ruhig ein wenig tiefer und schauen wir uns doch einmal die Attribute näher an, die mit den beiden Hirnhemisphären verbunden werden.

Unser Gehirn

Linke Gehirnhälfte	Rechte Gehirnhälfte
Sprache und Schrift	Musikempfinden
Der logisch-analytische, realistische, nüchterne und trockene Wissenschaftler	Der figurativ-holistische, neugierige, träumerische, witzige und charismatische Weise
Denkt digital und in binären Strukturen (Null / Eins, Top / Flop, Angriff / Flucht)	Denkt analog und ganzheitlich (Gestalt)
Arbeitet Aufgaben der Reihe nach ab (linear, sequentiell und detailliert)	Bearbeitet mehrere Aufgaben gleichzeitig (multi-tasking, intuitiv und kreativ)
Liebt die Mathematik	Liebt die Symbolik
Zeit und Zeitempfinden	Raum und Ewigkeit
Spricht das Wort	Sieht das Bild
Konsequent	Inkonsequent
Wissen	Glauben
Verwalter des aktiven Wissens	Verwalter der Körperenergien
Bewusstes Beobachten und Handeln	Unterbewusstes Fühlen und Handeln
Objektebene	Schwebt auf der Metaebene
Stellt Regeln auf	Bricht gerne Regeln
Das Leben besteht aus Kontrolle und Vernunft	Das Leben besteht aus Spiel, Genuss und Emotion
Meidet Neues, um Fehler zu vermeiden	Mag Neues, um daraus und aus Fehlern zu lernen
Schrittweise auf Basis von Argumenten artikulierend	Sprunghaft auf Basis von Erfahrungen artikulierend
Eher objektiv	Eher subjektiv
Merkt sich Namen, vermag diesen jedoch schwer die zugehörigen Gesichter zuzuordnen.	Merkt sich Gesichter, kann diesen jedoch schwer die zugehörigen Namen zuordnen.

© Joachim Böttcher, Illustration: Chad J. Shaffer (Getty Images, lizenzfrei)

Die Einteilung in Linkshirn- und Rechtshirn-Typen ist hier nur als individuell vorherrschende Tendenz zu verstehen. Zu ihrer ganz persönlichen Überlebens-Strategie haben z. B. Rechtshirn-Typen die Präferenz entwickelt, schwerpunktmäßig auf die Fähigkeiten ihrer rechten Hirnhälfte zu vertrauen. Da wir Menschen glücklicherweise beide Hirnhälften im Kopf spazieren tragen, haben wir zwar unter Umständen die Präferenz, eine Gehirnhälfte davon (z. B. die rechte) bevorzugt einzusetzen, aber eben auch die Fähigkeit, die Fertigkeiten der anderen (in unserem Beispiel die der linken) zu nutzen.

Um den Unterschied zwischen einer Verhaltenspräferenz und einer Fähigkeit noch klarer herauszustellen, bitte ich Sie um Folgendes:

- Nehmen Sie einen Stift und schreiben Sie folgendes Wort auf ein Blatt Papier: „Kreativität".

Mit welcher Hand haben Sie geschrieben? Egal mit welcher Sie das Wort „Kreativität" geschrieben haben, die Hand, mit der Sie geschrieben haben, ist die Hand, die Ihr Gehirn für Sie bei der Aufgabe „Schrift" bevorzugt einsetzt.

- Nehmen Sie nun den Stift in die **andere** Hand und schreiben Sie das gleiche Wort noch einmal.

Was Sie nun – in den meisten Fällen zumindest – hingekrakelt haben, sollte dennoch als das Wort „Kreativität" erkenn- und lesbar sein. Was heißt das nun? Das heißt, dass Sie eine Hand für das Schreiben bevorzugen – Ihre Schreibhand. Und das heißt aber auch, dass Sie mit der anderen Hand schreiben könnten, wenn Sie es denn einmal müssten. Es fehlt Ihnen lediglich die Übung. Sie haben sich im Kindesalter für den bevorzugten Einsatz einer Ihrer Hände entschieden, da diese Hand Ihnen den größten Erfolg zu versprechen schien. Ebenso deutlich wird es, wenn Sie einmal die Arme verschränken und dann ganz bewusst versuchen, die Position Ihrer Arme zu vertauschen. Es fühlt sich irgendwie anders an. Aber es funktioniert auch. Auch wenn es von Ihrer bevorzugten Art abweicht, die Arme zu verschränken.

Gleiches gilt nun für Ihre Gehirnhälften: Ein Rechtshirn-Typ vermag unter bestimmten Umständen auch die Fertigkeiten seiner linken Gehirnhälfte einzusetzen und umgekehrt. In der Praxis besteht meistens ein deutlicher Überhang in eine bestimmte Richtung. Im Umkehrschluss bedeutet das auch, dass jeder Mensch insbesondere noch geistiges Potenzial haben dürfte, das er entsprechend trainieren und ausschöpfen kann.

In der freien Wildbahn des Tagesgeschäfts kommen von der Spezies Mensch nahezu ausschließlich Gehirn-Mischformen mit einseitiger Tendenz vor. Bei ausgeprägter Dominanz einer der beiden Hälften des Gehirns entstehen sowohl eben Menschen mit Linkshirnpräferenz (wie Paula Pingel) bzw. kreative Chaoten mit Rechtshirnpräferenz (wie Otto Schluri). Oder anders: Sie. Beide Typen lassen sich durch ganz charakteristische Merkmale erkennen.

Der Linkshirn-Typ: Links, zwei, drei, vier …

Beim Linkshirn-Typen ist das Gleichgewicht der Hirnnutzung in Richtung links, zum Sympathikus verschoben. Linkshirn-Typen marschieren schon ein wenig im Gleichschritt durchs Leben. Immer schön Struktur und Form wahren. Bei Unternehmungen und Aktivitäten übernehmen sie nur zu gerne das Ruder. Sie sind die vollkommenste Ausprägung dessen, was Personalchefs mit „aufgaben- und ergebnisorientiert" meinen. Gesteuert wird das eigene Leben wie das Arbeitsleben anderer anhand von im Stechschritt akribisch abgearbeiteten To-do-Listen. Diese liegt meist neben den unbedingt gerade benötigten Dingen auf einem penibel aufgeräumten Schreibtisch („Leertischler"). Glück und Erfüllung im Leben werden definiert durch Erfolg und Anerkennung, aber auch über Ordnung und regelnde Strukturen. Ihre Vorstellung von Selbstidentität und privaten wie beruflichen Zielen gleicht oft einem an Borniertheit kaum zu überbietenden Manifest.

Der linkshirnige Typ nähert sich Herausforderungen mit Logik. Zuerst wird alles fein säuberlich Schritt für Schritt analysiert. Merken Sie sich einfach die Buchstabenfolge „ZDF" – Zahlen, Daten, Fakten. Bei seiner Herangehensweise an Aufgaben greift er eben gerne auf Zahlen, Daten und Fakten zurück. Und das bitte schön in logischer Reihenfolge. Sein Lernverhalten ist die Auseinandersetzung mit Fakten. Die Interessenlagen sind Finanz- oder Rechnungswesen und auch technische Fragestellungen.

Ein von der linken Hirnhemisphäre regierter Mensch fühlt sich häufig angespannt. Sie oder er neigt zu Kopfschmerzen und Bluthochdruck. Hin und wieder versprühen sie Rastlosigkeit und fast schon Nervosität, die mit feuchten Händen und gelegentlichen Konzentrationsschwächen einhergehen. Wird die To-do-Liste zu lang, wird nachts im Geiste weiter strukturiert und geordnet – es kommt zu Einschlafschwierigkeiten. Daraus leitet sich folgende Regel für den Linkshirn-Typus ab, die diese beherzigen sollten:

> „Entspann dich! Reg dich nicht so über Details auf. Das Leben ist nun mal eine Summe aus Kleinigkeiten."

Der Rechtshirn-Typ:
Bitte recht(s) freundlich

Im Gegensatz zum Linkshirn-Typen ist beim Rechtshirn-Typen das Gleichgewicht in Richtung rechts, Parasympathikus (Vagus) verschoben. Rechtshirn-Typen suchen sich meist unbewusst Tätigkeiten, die ihnen auch Spaß bereiten. Diese Liste wird angeführt von Musik, Malerei und eigentlich allen gestalterischen Tätigkeiten. Legen sie los zu denken, denken sie gleichzeitig an viele Dinge. Wenn sie eine Arbeitsattacke bekommen, starten sie meist mehrere Sachen auf einmal. Bei der Arbeit brauchen sie jede Menge Platz, da alles, was auch nur im Entferntesten benötigt werden könnte, für Außenstehende meist ohne erkennbares System auf dem Schreibtisch ausgebreitet wird („Volltischler").

Alle rechtshirnig regierten Menschen sind extravertierte Persönlichkeiten. Hier finden sich die echten Charismatiker. Sie beziehen ihre Energie aus der Interaktion mit anderen, was ihre Fähigkeit zum Ausdruck oft phänomenal erscheinen lässt. Sie teilen sich gerne mit und sprühen vor Erfindungsgeist und Kreativität. Ständig haben sie neue Ideen, durch die sie andere mitreißen. Genauso gerne lassen sie sich mitreißen, wenn ihnen eine andere Idee zusagt.

Der rechtshirnige Typ löst seine Herausforderungen mit Intuition und indem er die „Ganzheit" des Problems als solches „erfühlt". Hierbei erleidet er oft den Verlust der Kontrolle. Neuen Ideen steht er ausgesprochen offen gegenüber. Sein Lernverhalten ist geprägt durch *learning by doing*, Aktion in Kombination mit Beobachtung.

Eine feste Vorstellung der eigenen Identität fehlt den von der rechten Hirnhemisphäre regierten Menschen meist völlig. Emotionen und Gedanken sind in einem hohen Maße miteinander verknüpft. Dadurch werden bei entsprechend schweren oder komplexen Denkprozessen oft auch heftige emotionale oder auch körperliche Reaktionen wie z. B. Panik oder Hilflosigkeit hervorgerufen. Bei dauerhaft negativem Stress kann diese Belastung zu Gewichtszunahme oder Genusssucht (z. B. Nikotin, Alkohol oder andere Drogen) führen. Im gleichen Maße, wie bei diesen Menschen Emotionen und Gedanken miteinander verknüpft sind, stellen sie ein „Pokerface" zur Schau. Diese Maskerade lässt sie betont ruhig und beherrscht erscheinen.
Einem von der rechten Hirnhemisphäre regierten Menschen wird eher schwindelig und er neigt zu Konzentrationsproblemen. Da dieser Typ Mensch die Entspannung geradezu zum Genussprinzip erkoren hat, wird er entsprechend

gerne müde. Daraus leitet sich nun wiederum folgende Regel für den Rechtshirn-Typus ab, die dieser beherzigen sollte:

„Arsch hoch! Setz dich in Bewegung und schau ruhig auch mal auf die Details! Das Leben ist nun mal eine Summe aus Kleinigkeiten."

Der Ganzhirn-Typ – Typ der Zukunft?

Und was für ein Fazit lässt sich daraus nun ziehen? Zunächst einmal folgendes: Den Ganzhirn-Typen, bei dem wie bei einer Waage beide Hirnhälften in stets ausgewogener Gewichtsverteilung bei der Problemlösung im Einsatz sind, gibt es vermutlich in Reinform ebenso wenig wie „reine" Links- oder Rechtshirn-Typen. Irgendeine Präferenz wird wohl immer vorliegen. Entscheidend ist das Bewusstsein, egal ob eine Links- oder Rechtshirndominanz vorliegt. Durch dieses Bewusstsein gehen Ganzhirn-Typen die extremen Ausprägungen der charakteristischen Eigenschaften der starken Hirnhälftenbetonungen ab. So hat sie oder er beispielsweise Emotionen, weiß aber zumeist auch warum. Die Beweggründe sind dem Einzelnen klarer. So kann dieser Ganzhirn-Typ betont kreativ sein. Und er kann dabei auch logisch und strukturiert zugleich an Probleme herangehen. Weil aber die Fähigkeit, mit beiden Hirnhälften ausgewogener zu denken, bei untrainierten Menschen selten anzutreffen ist, ist es für die meisten Menschen notwendig, die weniger bevorzugte Hirnhälfte zu trainieren, um Kreativität und Logik zu vereinen.

Ist der Ganzhirn-Typ der Typ der Zukunft? Ganz klar: Ja – der Ganzhirn-Typ wird der Typ der Zukunft sein. Sie oder er ist der Typ, der sein geistiges Potenzial stärker ausschöpft. In Gruppen mehrerer Menschen, die an ein Problem herangehen (wie beispielsweise in Abteilungen und Teams) tragen Firmen diesem Trend bereits heute Rechnung. Sie wählen teilweise für bestimmte logische bzw. kreative Aufgabenstellungen gezielt Linkshirn- und Rechtshirn-Typen z. B. für einzelne Projektgruppen aus und kombinieren die Fähigkeiten von kreativer Originalität und strukturierter Umsetzung zum synthetischen Ganzhirn-Typen. Und auf diese Weise bringen sie die PS – Sie Ihre eignen durch Übung, das Unternehmen die des Teams – besser auf den Asphalt.

Alles in allem darf man sich hier ruhigen Gewissens ein wenig an die fernöstliche Philosophie des „weichen" Yin (Luft) und des „harten" Yang (Himmel) erinnert fühlen. Auch diese beiden Gegenstücke ergänzen sich und sind untrennbar miteinander verbunden. Weder Yin noch Yang finden sich in reiner Form. Auch hier liegt ein echter Dualismus vor. Das eine bedingt das andere. Wie bei der bevorzugten Nutzung einer der Hirnhemisphären kann man hier genauso wenig sagen, das eine sei gut und das andere schlecht.

Dieses lässt sich eindeutig bei einem Thema sagen, das Ihnen das nächste Kapitel näherbringen wird – die Zielfindung. Seine Ziele zu kennen ist gut und notwendig. Ziellosigkeit ist – auch wenn das Urteil noch so hart klingen mag – schlecht.

KAPITEL 2

Zielfindung – ist der Weg wirklich das Ziel?

„Der Weg ist das Ziel", so wollte es der chinesische Philosoph Konfuzius. Einerseits mag das zutreffen. Welche gewaltige Enttäuschung würde uns sonst am Ziel übermannen, und wie groß und entsetzlich wäre die Leere nach dem Erreichen des Ziels? Alles, wonach Menschen sich sehnen, erscheint ihnen nur dann sinnvoll, wenn sie auch vom Weg profitieren.

Einerseits wäre alles ganz einfach, wenn nur nicht das andererseits wäre. Der Weg führt zum Ziel. Der Weg kann anstrengend und voller Entbehrungen sein. Im Ziel sehen wir die Belohnung, ernten die Früchte unserer Anstrengungen. Damit taucht die nächste Frage auf: Wo wollen Sie eigentlich ankommen? Welche Früchte wollen Sie letztlich genießen? Wie wichtig es ist, das Ziel wirklich genau vor Augen zu haben, soll folgende Anekdote verdeutlichen:

Florence Chadwick hatte es sich in den Kopf gesetzt. Sie wollte die erste Frau sein, die den Ärmelkanal schwimmend überquert!
Sie trainierte lange und hart. Schließlich startete sie im Jahr 1952 ihren ersten Versuch. Von Calais aus schwamm sie los. Und schwamm und schwamm.

Viele, viele Zuschauer feuerten Florence aus den Begleitbooten heraus an. Die englische Küste zeigte sich an dem Tag mal wieder von ihrer besten Seite. Oder besser: Sie zeigte sich eben nicht, denn kurz davor zog dichter Nebel auf. Die Luft und das Wasser wurden kälter. Als sie die Tochter mit immer weniger kräftigen Zügen schwimmen sah, ahnte Florences Mutter als Erste das Dilemma. Die Mutter spornte sie vom Boot aus an: „Auf geht's, Florence! Du schaffst das! Es ist nur noch ein ganz kleines Stück!" Doch die völlig erschöpfte Florence ließ sich von Helfern an Bord eines der Boote ziehen – nur ein paar hundert Meter vor dem Ziel.

An Land und wieder einigermaßen bei Kräften, stellte sich Florence Chadwick der Presse. Den Reportern sagte sie: „Ich bin mir sicher, dass ich es geschafft hätte, wenn ich nur mein Ziel hätte sehen können."

Florence Chadwick versuchte es schon wenig später noch einmal. Wieder herrschte dichter Nebel vor Englands Küste. Doch dieses Mal konzentrierte sie sich darauf, die Küste von Dover vor ihrem inneren Auge entstehen zu lassen, und konnte sie nun sehen. Sie konzentrierte sich auf jedes Detail der Küste, an das sie sich erinnern konnte. Je dichter der Nebel wurde, desto präziser entstand vor ihrem inneren Auge das Bild von Englands Küste. Immer näher kraulte sie diesem Ziel entgegen – und erreichte es am Ende auch tatsächlich.

Isoliert betrachtet beschreibt der Begriff „Ziel" meist „einen in der Zukunft liegenden und für uns erstrebenswerten Zustand". Ferner lassen sich langfristige (strategische), mittelfristige (operative) und kurzfristige (taktische) Ziele unterscheiden. Letztlich müssen Sie sich klar darüber werden, welche Ziele Sie verfolgen wollen und welches Gewicht diese Ziele haben. Wenn Ihnen diese „Ziele" zu wenig wichtig sind, sind es eben auch nur fixe Gedanken. Nur wenn Sie realistische und für Sie selbst wirklich wichtige Ziele anstreben, sind Sie ausreichend motiviert, diese Ziele auch zu erreichen.

Viele Autoren haben sich dieser Thematik bereits gewidmet. Herausgekommen ist meist eine Ziel- oder gar Lebenspyramide. Diese Darstellungsform ist schlicht falsch, da sie die Wichtigkeit der einzelnen Zielkategorien außen vor lässt. Kreative Menschen neigen dazu, Dinge auf den Kopf zu stellen. Wenn auch Sie das machen, erhalten Sie ein schon optisch befriedigenderes Ergebnis: das Zieldreieck.

Das Zieldreieck

© Joachim Böttcher

Was will diese Grafik sagen? Sie sagt etwas darüber, dass das Lebensziel alle Zielkategorien beeinflusst, die darunter liegen. Sie sagt auch, dass der Einfluss der Ziele abnimmt, je weiter wir uns im kopfstehenden Dreieck nach unten bewegen. Das Lebensziel ist demnach der einzige sinnvolle Startpunkt für eine holistische Planung. Nur wenn wir unser Lebensziel kennen, können wir im Sinne der Erreichung dieses Zieles Einfluss auf alle untergeordneten Ziele nehmen. Nur dann macht es für uns überhaupt einen Sinn, die nächsten zehn Jahre, den Monat, die Woche und schließlich den Tag zu planen und zu bestreiten.

Oder anders: Starten wir in den Tag, ohne uns zu fragen oder eben bewusst zu sein, wohin uns dieser Tag bringen soll, können wir zwar immer noch agieren, verfallen jedoch letztlich in (ziel-)blinden Aktionismus und enden zwar schließlich irgendwo – doch handelt es sich dabei ums *Nirwana*.

Daher ist es immens wichtig, sich die Frage nach einem realistischen Lebensziel regelmäßig (z. B. einmal im Jahr) immer wieder zu stellen. Doch wie kommen Sie zu diesem Lebensziel?

Hier eine ganz leichte Übung, wie Sie sich Ihre Lebensziele vor Augen führen können. Schließen Sie die Augen und versetzen Sie sich in folgende Situation:

Sie feiern Ihren 75. Geburtstag und Ihre aufgeweckte kleine Enkelin und Ihr aufgeweckter kleiner Enkel kommen freudestrahlend zur Tür herein. Sie haben Ihnen ein schönes Bild gemalt. Und plötzlich fragen beide unisono, ob Sie Ihren Enkeln etwas aus Ihrem Leben erzählen können …

Und nun stellen Sie sich dieses Bild vor: Wo sitzen Sie? Wie sehen Sie aus? Wie fühlen Sie sich? Was haben Sie erreicht? Wie sieht das Wohnzimmer aus? Ist es in Ihrem eigenen Haus? Steht es im Inland, oder wohnen Sie an der Küste Andalusiens? Was erzählen Sie Ihren beiden Enkeln? Was haben Sie Tolles erlebt, von dem sich zu erzählen lohnt? Klingt das in etwa so?

Wisst ihr, Kinder, mein Opa und meine Oma sind damals von Europa nach Amerika ausgewandert. Als ich fünf war, starb meine Mutter. Mein Papa hat später unsere Haushälterin geheiratet. Das habe ich ihm bis heute krummgenommen. Deswegen hat es wahrscheinlich auch so lange gedauert, bis ich selbst glücklich verheiratet war und eine eigene Familie genießen konnte.

Euer Uropa hat mich dann erst mal in eine Klosterschule gesteckt. Toll! Ich bin zwar immer gerne zur Schule gegangen und habe gerne gelernt, aber dieser permanente Kommandoton war so rein gar nichts für mich!

Spaß gemacht haben mir immer die Theateraufführungen in der Schule und die Cheerleader. Da habe ich gemerkt, dass ich eine künstlerische Ader habe, und habe Klavierstunden und Tanzunterricht genommen. Damals, das weiß ich noch genau, habe ich beschlossen, Tänzerin zu werden. Dann bin ich umgezogen, um Karriere zu machen. Nach New York – mit gerade mal 30 Dollar in der Tasche! Also musste ich kellnern und alle möglichen Scheißjobs machen. Aber mein Ziel hatte ich immer vor Augen: Irgendwann bin ich ein Star!

Und dann habe ich getanzt! Und wie! Dann habe ich ein bisschen mit meiner Stimme herumexperimentiert und in einer Punkband angeheuert. Ja, lacht ihr nur! Aber auf die Weise bekam ich meinen ersten Plattenvertrag. Na ja, war ein ziemlicher Flop, die Sache …

Dann bin ich nach Paris und mit so einem Disco-Typen um die Häuser gezogen. Er sah mich schon als Star, aber irgendwie wollte ich nicht so recht. Ich wollte nur tanzen und ging zurück nach New York. Dort habe ich alles darangesetzt, die richtigen Leute kennenzulernen: Über DJs bekam ich Kontakte zu einigen Produzenten. Und dann hat einer Aufnahmen gemacht und die erste Platte veröffentlicht. Eher ein Achtungserfolg. Was soll's? Ich war schließlich gerade mal Anfang zwanzig!

Ein Jahr später hatte ich das erste Album draußen und dann ging alles Schlag auf Schlag. Ich musste mich zwar ständig neu erfinden, aber irgendwie fuhren die Leute darauf ab. Und so habe ich in 25 Jahren fast 300 Millionen Platten verkauft, mehrere Grammys und den Golden Globe erhalten, bin immer wieder in Filmen aufgetreten. Und bin ganz nebenbei fast 350 Millionen Dollar schwer …

Die Leute nennen mich „Madonna" – ihr dürft weiterhin Oma zu mir sagen.

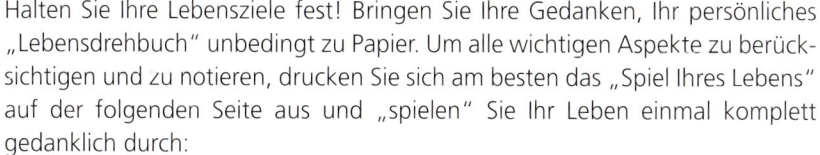

Halten Sie Ihre Lebensziele fest! Bringen Sie Ihre Gedanken, Ihr persönliches „Lebensdrehbuch" unbedingt zu Papier. Um alle wichtigen Aspekte zu berücksichtigen und zu notieren, drucken Sie sich am besten das „Spiel Ihres Lebens" auf der folgenden Seite aus und „spielen" Sie Ihr Leben einmal komplett gedanklich durch:

Wenn Sie das Blatt aufmerksam betrachten, werden Sie feststellen, dass der Start-Punkt zunächst oben ist und dieser Startpunkt sich als späteres Ziel entpuppt. Das hat folgenden Grund: Ausgehend von Ihrem Lebensabend sollten Sie die Planung beginnen. Stellen Sie sich Ihren Lebensabend vor und denken Sie in Ruhe über die Inhalte der einzelnen Kästchen nach. Bleiben Sie aber bitte einigermaßen realistisch …

Und was machen Sie dann damit? Mit diesem „Blatt Papier" bzw. Ihrem Leben verfahren Sie anschließend am besten wie folgt:

Verfassen Sie einen Brief an sich selbst, der etwa folgenden Inhalt haben könnte:

Hallo,

herzlichen Glückwunsch! Schon wieder ist ein Jahr ins Land gegangen. Du hast mich gebeten, Dich daran zu erinnern, einmal abzugleichen, ob Du erreicht hast, was Du Dir für dieses Jahr vorgenommen hattest. Das Beste wird sein, wenn Du das Blatt Papier und die Fragen zur Hand nimmst und gründlich über passende Antworten darauf nachdenkst.

- *Was für einen Status willst Du mit 75 Jahren erreicht haben?*

- *Wie sollen andere Menschen dann über Dich denken?*

- *Was musst Du für Dich und Dein Beziehungsnetzwerk tun?*

  - ○ *Dich selbst*
  - ○ *Deinen Lebenspartner*
  - ○ *Deine Kinder*
  - ○ *Deine Familie*
  - ○ *Deine Freunde*
  - ○ *Deine Kunden*

○ *Deinen Chef*
○ *Deine Financiers*
○ *Deine Mitarbeiter und Kollegen*
○ *die Gemeinschaft*

- *Was heißt das nun konkret für Dein Handeln? Wie sieht Deine Planung aus für …*

  ○ *die nächsten 10 Jahre?*
  ○ *die nächsten 3 bis 5 Jahre?*
  ○ *nächstes Jahr?*

Denke immer daran. Nur wer seine Ziele wirklich kennt, wird diese letztlich auch erreichen!

Viele Grüße
Jemand, der es wirklich gut mit Dir meint

- In Ihrem Kalender-Programm auf dem PC stellen Sie nun einen im Jahresrhythmus wiederkehrenden mindestens einstündigen Termin „Persönliche Ziele" ein. Den obigen oder einen eigenen Brieftext fügen Sie in das hierfür vorgesehene Feld ein. (Natürlich können Sie den Brief auch jedes Jahr physisch an sich schicken. Die Gefahr, dass Sie das vergessen und der Briefinhalt (und damit die Erinnerung an Ihre Lebensziele!) somit „untergeht", ist jedoch viel zu groß. Die moderne Informationstechnologie arbeitet da zuverlässiger.)

- Nehmen Sie nun jedes Jahr mindestens ein Mal das Blatt mit Ihrem ganz persönlichen „Spiel Ihres Lebens" zur Hand und denken Sie über die einzelnen Inhalte nach. Müssen Sie Aktualisierungen vornehmen? (Klar. Doch was soll's, Sie sind schließlich flexibel, oder?)

Sie haben nun am Anfang dieses Kapitels das Zieldreieck angeschaut. Das Lebensziel thront über allen Handlungen. Über dieses Lebensziel sollte der Druck zum Entschluss kommen. Dazwischen liegen vom Lebensziel abhängige Etappenziele. Das Ganze basiert auf dem Tag und jeder einzelnen Tätigkeit.

Das ermöglicht Ihnen nun regelmäßig einen Abgleich: Trägt Ihr Tagwerk, diese eine Aufgabe im Speziellen, etwas dazu bei, Ihre übergeordneten Ziele zu erreichen? Sind Sie auf Spur (*on track*)? Wie wahrscheinlich ist es, dass Sie Ihr Lebensziel verwirklichen? Wenn Sie diese Informationen nun zeichnerisch umsetzen, kommt erneut eine ganz erstaunlich plakative Metapher dabei heraus: der Lebenskreisel.

Der Lebenskreisel

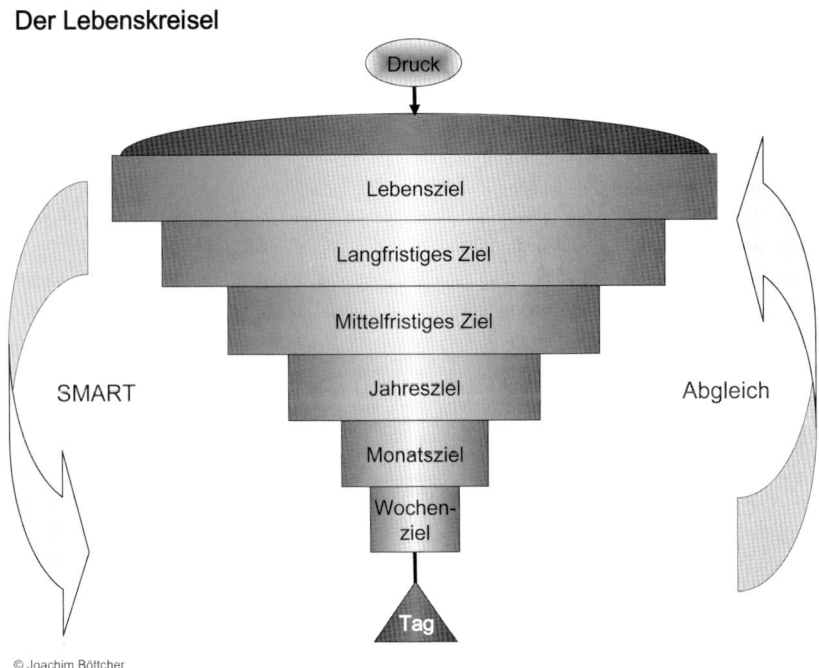

© Joachim Böttcher

Anhand des Lebenskreisels können Sie sich gleich mehrere Zusammenhänge hervorragend merken:

- Wenn Sie auf Ihr Zielsystem **zu viel Druck** ausüben, beginnt der Kreisel auf der einen Seite zwar, sich immer schneller zu drehen. Er fängt jedoch andererseits auch an, ganz furchtbar laut zu brummen. Könnte das ein Warnsignal für Ihren Körper sein?

- Üben Sie jedoch **zu wenig Druck** aus, beginnt das ganze System zu straucheln und kippt unter Umständen sogar.

- Der Tag und die einzelne Tätigkeit sind eine höchst **wackelige Basis**, auf der jedoch das ganze System lastet. Weicht die Richtung Ihrer Tages-ergebnisse dauerhaft von der Richtung Ihres Lebensziels ab, verbiegt die Achse. Der Kreisel beginnt zu straucheln und kippt.

Daraus sollten Sie eine Botschaft mitnehmen. Der begriff *Tracker* ist im englischen Sprachraum ein Fährten-, also Spurensucher. Dieser Begriff und das zugehörige Verb *to track* umschreibt erneut herrlich bildhaft, worauf es bei der Erfolgskontrolle, dem *Tracken* (von Erfolgen), eigentlich ankommt. Es geht zum einen natürlich darum, in vielerlei Hinsicht Bilanz zu ziehen und zu bewerten, ob Sie eine Aufgabe tatsächlich erledigt bzw. eine Etappe (ein Teilziel) auf Ihrem Weg tatsächlich erreicht haben. Viel wichtiger ist jedoch der zweite Schritt: Befinden Sie sich noch auf der Spur, die Sie mit dem Eindruck Ihres Lebens hinterlassen wollen? Oder müssen Sie sich wieder auf Spur (*on track*) bringen?

Im nächsten Abschnitt lernen Sie eine Methode kennen, mit der Sie Ihre Ziele fortan realistisch planen und erreichen können.

KAPITEL 3

Zielerreichung mit der RA³CE²-Methode

Einerseits steht RACE als Akronym für folgende ganz wesentliche Eigenschaften, die erfolgreiche Unterfangen im Allgemeinen aufweisen:

R ealistische Ziele festlegen
A lle Aufgaben „an die Leine nehmen"
C ontingency einplanen
E ntschlossen umsetzen und Erfolge *tracken*

Die Methode heißt aber auch RACE in Anlehnung an das englische Wort für „Rennen" (*Race*). Viele Menschen kommen sich Tag für Tag vor wie der hinreichend bekannte Hamster im Laufrädchen. Eine viel bessere Metapher ist indes die eines Autorennens. Während der Hamster im Laufrad theoretisch endlos seine Runden drehen kann, verdeutlicht ein Autorennen bildhaft, dass die Gesetze der Biologie allem medizinischen Fortschritt zum Trotz unserem Rennen irgendwann ein Ende bereiten. Eintrittswahrscheinlichkeit: 100 Prozent. Zeitpunkt: ungewiss.

Stellen Sie sich einfach vor, das Rennen geht insgesamt über z. B. 90 Runden (als Platzhalter für die Lebensjahre). Je nach Alter (die Damen mögen es dem Autor bitte nachsehen) wissen Sie nun, wie viele Runden auf dem Weg zum Ziel bereits hinter Ihnen liegen. Machen Sie sich nun an die Planung der vor Ihnen liegenden „Rennrunden", damit Sie am Schluss auf und nicht neben dem Treppchen stehen.

Beenden Sie Ihr Rennen im Laufrädchen! Planen Sie aber unbedingt auch Zeiten zum Wiederauftanken und Laden der Akkus ein; sonst platzt Ihnen eventuell vorzeitig der Motor. Otto Schluri z. B. ist so ein Kandidat.

Es ist Donnerstag. Kurz vor Feierabend – neudeutsch: Close of Business – in einer nach außen hin gut organisiert auftretenden und normal ausgelasteten Werbeagentur. Während seine Kontakter-Kollegin Paula Pingel im Büro nebenan allmählich damit beginnt, den Mac herunterzufahren, um ihm noch einen mitleidigen Blick ins Büro zu werfen und sich anschließend auf den Heimweg zu machen, schreitet Otto Schluri zum Endspurt an seinen Schreibtisch.

Er macht sich – wie eigentlich jeden Abend – bis kurz vor Mitternacht buchstäblich noch einmal über einen Berg von Arbeit her. Der Schreibtisch an sich spricht schon Bände: Er ertrinkt in teilweise ungeöffneter Eingangspost, ist übersät von zahlreichen kreuz und quer verstreut liegenden Ausdrucken und weist ein Meer kleiner Notizzettelchen auf. Der Monitor ist beklebt mit zahlreichen Post-its, die um Rückrufe oder um die Erledigung bestimmter Aufgaben um die Wette flehen. Das Ganze wird gekrönt von einer angefressenen kalten Pizza vom Vortag und zahlreichen leeren 0,5-l-Cola-Flaschen.

In dem Augenblick, in dem seine Lebensabschnittsbegleiterin anruft und fragt, wann denn mit dem Erscheinen des Herrn zu Hause zu rechnen sei, erscheint noch eine E-Mail auf dem Schirm mit der dringenden Bitte, noch rasch beim Chef vorbeizuschneien, um eine weitere Aufgabe zu übernehmen …

Na, kommt Ihnen die Situation irgendwie bekannt vor? Selbst wenn dem französischen Autor Jean Genet zufolge „ein perfektes Chaos durchaus auch etwas Vollkommenes darstellt", läuft hier doch ganz offensichtlich etwas schief, oder? Nur was? Und wie bitte sehr kommt es, dass Paula Pingel, die einen vergleichbaren Job ausübt wie Otto Schluri, ihren Tagesablauf geregelt bekommt und zu einer einigermaßen normalen Zeit abends aus dem Büro nach Hause schreitet?

Zunächst einmal sollten Sie sich näher anschauen, was da passiert und ob da überhaupt irgendetwas existiert, worauf Sie Einfluss nehmen können. Ist es die Zeit? Zeitmanagement als Wundermittel? Zeit *managen* – geht das denn überhaupt?

> *Die Zeit verstreicht, vergeht, verrinnt,*
> *So wie die Worte, die du hörst,*
> *Weil sie dann schon gesprochen sind.*
> *Die Zeit kommt und sie geht,*
> *Sie nimmt, was sie dir bringt.*
> *Tick, tack, tick …*
> *Hörst du, wie das Pendel schwingt?*
>
> *DIE FANTASTISCHEN VIER*

Die Zeit an sich ist ein furchtbar abstrakter Begriff. Aber Zeitmanagement? Genau wie alle Menschen haben sowohl Paula Pingel als auch Otto Schluri im Grunde genommen den gleichen Zeitvorrat zur Verfügung. Und genau wie alle anderen Menschen haben weder sie noch er die Möglichkeit, die Drehung der Erde zu beeinflussen oder die Geschwindigkeit, in der die Körnchen durch die Sanduhr fallen.

Oder anders: Die Zeit verstreicht für alle Menschen gleich schnell und entzieht sich somit unserem Einfluss. Zeitmanagement als Begriff ist somit kompletter Quatsch. Das Einzige, was Sie hier zu managen vermögen, ist, ob Sie das kostbare Gut Zeit tatsächlich sinnvoll – das heißt im Sinne Ihres Zielsystems – einsetzen. Und ob Sie Ihren Zeitvorrat so verplanen, dass Sie das, was Ihnen wichtig erscheint, am Ende des Tages auch gebacken bekommen.

In dieser Formulierung stecken schon zwei erste Hinweise. Die Worte „Tag" und „wichtig". Das Wort Tag beschreibt die Zeit, in der die Erde um die eigene Achse rotiert. Im Mittel wird diese Drehung alle 23 Stunden, 56 Minuten und 4,10 Sekunden vollendet. Großzügig gerundet landen Sie bei den Ihnen so wohlbekannten 24 Stunden – dem Zeitvorrat eines Tages. Der Tag wird als die ausschlaggebende Einheit bei der Zeitplanung herangezogen, da er an sich recht einfach zu überschauen ist. Die 1.440 Minuten oder 86.400 Sekunden eines Tages einzuteilen, macht jedenfalls normalerweise wenig Sinn – es sei denn, Sie arbeiten bei der NASA.

Doch wie legen Sie (oder sind es doch andere?) fest, was Ihnen bei Ihrem Tagesgeschäft „wichtig" ist? Widmen wir uns dem ersten Buchstaben in RACE, dem R, dem realistischen Festlegen Ihrer Ziele.

Realistische Ziele festlegen

Um zu verstehen, warum es so wichtig ist, bei der Planung seiner Ziele ein hohes Maß an Realitätssinn einzusetzen, verdeutlicht erneut der herzinfarktgefährdete Top-Kreative Otto Schluri.

Einer der Inhaber der Agentur hat Otto Schluri dazu geraten, sich einige Male mit seiner Kollegin Paula Pingel zusammenzusetzen. Das hat er auch gemacht, um ihr bei der Planung ihres Tagesablaufs einmal über die Schulter zu schauen. Während seine Kollegin ihm versuchte zu erklären, wie sie ihrem Tag Struktur gibt, musste Otto Schluri jedoch immer wieder ans Mobiltelefon. Hinzu kam, dass ein Mitarbeiter aus Ottos Designer-Team ihn kurzerhand aus dem Meeting holen musste, um eine vermeintlich dringende Angelegenheit zu klären.

Als er wiederkam, musste Paula zum Kunden. In den folgenden Tagen schrieb Otto Schluri nun alles, was er sich für den Tag vornehmen wollte, brav auf und plante seinen Tag akribisch – nur um ebenfalls wieder nach Mitternacht aus dem Büro zu gehen …

Was ist passiert? Viele Menschen glauben, in dem Moment, in dem sie ihre Ziele zu kennen glauben, sei alles erledigt. Und dann manövrieren sie sich erst recht in einen nach außen hin ganz besonders chaotischen wirkenden Tagesablauf, obwohl es nach außen den Anschein hat, dass Sie versuchen, ihrem Tag so etwas wie Struktur zu geben.

Struktur an sich ist schon eine prima Sache; der Zeitvorrat, der uns Tag für Tag zur Verfügung steht, bleibt jedoch der gleiche. Bloße Struktur ändert an dieser Tatsache rein gar nichts. Die meisten kreativen (und damit oft latent chaotischen) Menschen, die sich erstmals mit der strukturierenden Einteilung ihres Zeitvorrats beschäftigen, begehen anfangs folgende Fehler:

- Sie glauben, durch das Anwenden irgendeiner halbwegs intelligenten Methode mehr Zeit zu gewinnen.
- Und daher bürden sie sich noch mehr auf – nur eben strukturiert.

Außerdem fokussieren sie sich nicht auf das Wesentliche, das letztlich bekanntlich vom Lebensziel abhängt. Sie versuchen, verschiedenen Zeiteinheiten eine Struktur zu geben und diese zu planen, und planen meist völlig unrealistisch. Und so marschieren sie immer schneller – und das meist irgendwann an ihren Tages-, Wochen-, Monats- usw. Zielen und damit an ihrem Lebensziel vorbei.

Daher folgender Rat an Sie: Bleiben Sie auf dem Teppich! Geben Sie Ihrem zu planenden Zeitfenster Struktur und setzen Sie Ihre Zeit ganz behutsam im Sinne Ihrer privaten und beruflichen Tagesziele und natürlich auch Wochen-, Monats-, Quartals-, Jahres- und – ja, auch – Lebensziele ein.

Ein Tagesplan darf nur die Punkte enthalten, die eine Person erledigen will oder eben erledigen muss. Bei Ihrer Planung lassen Sie sich künftig am besten von jemandem unterstützen, der die Aspekte guter Planung beherrscht wie kein Zweiter: Superheld *SMARTy*, den Sie im nächsten Abschnitt kennenlernen.

Superheld SMARTy

Kaum ein Begriff umschreibt die Vorgehensweise bei guter Planung besser als das englische Adjektiv *smart*, das übersetzt neben vielen anderen Bedeutungen u. a. „pfiffig" und „clever" heißt. Als Verb heißt *to smart* allerdings auch „schmerzen". Und Sie werden im weiteren Verlauf dieses Ratgebers noch erfahren, warum es auch schon mal schmerzen kann, pfiffig zu sein und eben SMART zu planen.

Einer, der die positiven Eigenschaften dieses Begriffs in sich vereint wie kein Zweiter, ist der Superheld SMARTy. Den sollten Sie sich als Ratgeber gedanklich auf eine Ihrer Schultern setzen. Bei jedem Ziel und damit jeder Aufgabe, die Sie künftig anpacken wollen, lassen Sie ihn dann ein paar ganz einfache Fragen in Ihr Ohr flüstern:

Spezifisch (*specific*):	Wie genau sieht deine Aufgabe eigentlich aus?
Messbar (*measurable*):	Woran kannst du erkennen, dass die Aufgabe erledigt ist?
Akzeptiert (*accepted*):	Inwieweit stehst du voll hinter dieser Aufgabe?
Realistisch (*realistic*):	Wie realistisch ist es, dass du das auch hinkriegst?
Terminiert (*timebound*):	Wann soll die Aufgabe erledigt sein?

Viele notieren sich wilde Gedanken wie „allgemeine Kundentelefonate" oder „Text lernen" oder sonst etwas in ihren Tagesplaner, der den Namen dann bereits schon nicht mehr verdient. Werden Sie so konkret es geht, schreiben Sie z. B. genau auf, mit welchen Kunden Sie morgens telefonieren wollen oder für welche Rolle Sie welchen Teil eines Textes lernen wollen. Setzen Sie sich ein ganz genau umrissenes Ziel. Seien Sie präzise.

Definieren Sie Kriterien, die erfüllt sein müssen, wenn Sie Ihr Ziel erreicht haben. Machen Sie messbar, wann Sie am Ziel angelangt sind und wann Sie einen Haken daransetzen können.

Wenn Sie Ihren eigenen Tagesablauf planen, sollten Sie eigentlich hinter Ihren Zielen stehen. Mitunter ist es aber gut, sich bewusst zu machen, dass dies unter dem Aspekt der Selbstmotivation eine wichtige Angelegenheit ist. Wenn Sie ein Ziel bzw. Aufgaben zur Erreichung bestimmter Ziele delegieren, müssen Sie ebenfalls darauf achten, dass dieses Delegieren akzeptiert wurde – doch mehr zum Delegieren später.

Nun zu einem weiteren wichtigen Punkt. Halten Sie es für pfiffig (um das Wort mal zu verwenden), sich den ganzen Tag mit Zielen und daraus resultierenden Aufgaben vollzumüllen? Wohl kaum. Doch was ist realistisch? Erfahrungswerte haben gezeigt, dass Sie maximal 50 bis 60 Prozent Ihres Tages bewusst verplanen sollten. Die übrigen 40 bis 50 Prozent füllen dann schon Ihre Kollegen, der Vorgesetzte, spontan auftretende Ereignisse oder ähnliche Dinge – das geht dann ganz automatisch.

> Machen Sie sich stets klar, wann eine Sache erledigt sein muss, und notieren Sie sich diesen Termin (auf Neudeutsch immer gerne mit *Deadline* umschrieben).

Antiheld STUPIDo

Das Leben verläuft manchmal wie ein *Comic*. Und auch hier gibt es zu jedem Superhelden einen hundsgemeinen Gegenspieler. Schmerzen verursacht smarte Planung eigentlich immer dann, wenn wir weniger Zeit als notwendig für die Erledigung einer Aufgabe zur Verfügung haben. Das Gegenteil von „pfiffig" und „clever" bzw. *smart* ist bekanntlich „dumm", englisch *stupid*. Mit den Buchstaben dieses Wortes können Sie sich prima die Begriffe und Verhaltensweisen merken, zu denen SMARTys Gegenspieler, der gemeine Anti-Held STUPIDo, Sie Tag für Tag nur allzu gerne verführen möchte.

Geben Sie seinen Verführungskünsten nach, landen Sie unweigerlich in der Sackgasse, aus der Sie nur durch erhöhten Zeitaufwand herauskommen oder indem Sie zugesagte Dinge unerledigt lassen – und so jemanden letztlich vor den Kopf stoßen.

Und dies hier ist das Arsenal an Waffen, mit denen der Anti-Held STUPIDo jeden Tag insbesondere auf den latent chaotischen Rechtshirn-Typen (und damit bevorzugt auch kreative Menschen) feuert:

S elbstüberschätzung
T otalitätsanspruch
U nterbrechungen
P lanlosigkeit
I mmer „Ja" sagen
D isziplinlosigkeit

Am sichersten und schnellsten führt der Weg in die Sackgasse, wenn Sie sich selbst überschätzen, indem Sie sich zu viele Dinge aufbürden und das machen, was der englische Sprachraum perfekt mit der bildhaften Formulierung *biting off more than one can chew* („mehr abbeißen, als man kauen kann") umschreibt.

Einen ähnlichen Effekt hat Totalitätsanspruch, dem Hang zu Überperfektem nachzugeben, alle Aspekte einer Sache analysieren zu wollen – und zwar insbesondere selbst dann, wenn es gar nicht nötig ist. Unterbrechungen durch „Zeitdiebe" wie überzogene Meetings, das Telefon und unangemeldete Besucher verstärken diesen negativen Effekt genau wie das Fehlen eines Plans mit klaren Zielen und Prioritäten.

Ferner hat sich da noch eine schicke Formulierung in unseren High-Speed-Alltag eingeschlichen: „so schnell wie möglich" (neudeutsch: *as soon as possible (asap)*. Gemeint ist schlicht (und bedrohlich zugleich) die Ansage: „Mach das gefälligst sofort!" Bitte? Haben Sie mal darüber nachgedacht, was eintritt, wenn Sie diesem Wunsch entsprechen würden? Richtig. Vollkommener Verlust der Selbststeuerung. Sie haben Ihre Zeit nicht mehr in der Hand, sondern andere haben Sie in der Hand. Ihre Zeit wird an anderer Stelle verwaltet. Sie werden regiert! Wollen Sie das wirklich?

So schön das Ergebnis sein mag, dann ganz sicher *everybody's darling* zu sein … Von anderen benutzt zu werden, klingt genauso unschön, wie es sich anfühlt. Und da es sich so unschön anfühlt, sollten Sie mit dieser albernen Formulierung selbst als Erstes aufhören. Hören Sie auf, Ihren Mitarbeitern und Kollegen zuzuplärren, sie mögen Dinge sofort erledigen – auch wenn das herrlich angenehm für Sie wäre. Setzen Sie den Termin oder fragen Sie gerade heraus: „Bis wann können Sie diese Aufgabe für mich erledigen?" Und nehmen Sie dieses Feedback Ihrer Mitarbeiter zum Abgabetermin verdammt noch mal auch ernst.

Wollen Sie dennoch *everybody's darling* sein, indem Sie zu allem, was an Sie herangetragen wird, laut „Ja, das kann ich doch machen!" rufen, nimmt das Schicksal seinen Lauf. Sie kommen nicht mehr umhin, disziplinlos zu agieren, und beginnen damit, Unangenehmes auf des Teufels liebstes Möbelstück, die lange Bank, zu schieben. Tag für Tag der Panik näher rückend, versuchen Sie, Zeit zu sparen, indem Sie damit aufhören, Ihren Arbeitsplatz aufzuräumen, und ertrinken zu guter Letzt im Chaos – und alles wird nur noch schlimmer. Was wäre das für ein grandioser Sieg für STUPIDo?

Doch unser Superheld SMARTy weiß auch hier Rat. Nach wie vor sitzt er auf Ihrer Schulter und hat ein paar Tipps auf Lager, mit denen Sie dem Superschurken STUPIDo (und damit seinen dunklen Machenschaften gleich mit) das Handwerk legen können:

- Verplanen Sie höchstens 60 Prozent Ihrer täglich zur Verfügung stehenden Zeit!

- Vergeben Sie Prioritäten! Zu viel Liebe zu unnötigen Details schadet manchmal mehr, als sie nutzt.

- Schotten Sie sich ruhig auch einmal ab! Und zwar gegenüber Zeitdieben. Fordern Sie den gewissenhaften Umgang mit Ihrer Zeit durch andere; bestehen Sie z. B. auf dem pünktlichen Start und der Einhaltung geplanter Meetingzeiten. Reservieren Sie sich feste Telefonzeiten.

- Planen Sie! Reservieren Sie sich z. B. an jedem Vorabend 10 bis 15 Minuten, um den nächsten Tag, die nächste Woche am Freitagabend, den nächsten Monat in der letzten Woche des Vormonats usw. zu planen. Sie werden sehen: Es lohnt sich und mit der Zeit werden Sie immer routinierter darin. Verzetteln Sie sich aber nicht und denken Sie an Pufferzeiten!

- Lernen Sie, auch mal „Nein" zu sagen! Lernen Sie, das nett, aber konsequent zu tun. Und zwar immer dann, wenn der Aufwand Ihres wertvollsten Gutes, Ihrer Zeit, Sie Ihren Zielen Ihrer Einschätzung nach eben nicht näherbringt. Sie können es nicht jedem recht machen!

- Das Leben ist kein Vergnügungspark! Das erneute Anpacken kostet Sie in der Summe viel mehr Zeit und Kraft, als auch Unangenehmes einmal beherzt anzupacken und es in einem Rutsch zu erledigen.

- Und nun zu Ihrem unaufgeräumten Arbeitsplatz: Sie als Rechtshirn-Typ finden hier vermutlich lustigerweise meist alles auf Anhieb. Doch wollen Sie dieses Bild von sich wirklich so nach draußen transportieren?

Konsequentes Aufschreiben und die Vergabe einer Rangliste der Dringlichkeiten (Prioritäten) tun somit not. Schauen Sie sich den nächsten Buchstaben (A^3) und damit an, wie Sie mehr Zeit für das wesentliche in Ihrem Leben gewinnen und zielgerichtet einsetzen können.

Alle Aufgaben „an die Leine nehmen"

So trivial das Ganze klingt: Hiermit steht und fällt die ganze RA^3CE^2-Methode. SMARTy und seine Prinzipien sollten für Sie zu so etwas wie einem kategorischen Imperativ Ihres täglichen Handelns werden. Und wenn Sie nun „alle Aufgaben" lesen, so ist auch genau das gemeint – nämlich wirklich „alle". Und wie verschwindet nun die Zettelwirtschaft von Ihrem Schreibtisch? Und – ganz wichtig – wie kommt hier die Komponente Spaß wieder ins Spiel, wo doch das Notieren von Aufgaben sonst eher Sache von Spießern ist?

Eine Methode, die sich bei kreativen Menschen hervorragend bewährt hat, ist es, die Zettel, hinter denen sich jeweils Aufgaben verbergen, im Wortsinn „an die Leine" zu nehmen. Hierfür schaffen Sie sich eine Zettelbox mit gleichformatigen Zetteln (möglichst in verschiedenen Farben) an. Und im Zusammenhang mit jeder einzelnen Aufgabe notieren Sie sich künftig Folgendes:

- *Die eigentliche Aufgabe* an sich (kurz und dennoch so präzise wie möglich). Dazu gehören Meetings, die Korrespondenz, Telefonate und natürlich auch Aufgaben vom Vortag, die noch fertigzustellen sind (wobei Sie das nicht zur Regel werden lassen sollten!).

- Nun setzen Sie sich ein *realistisches Ziel*, gegen das Sie Ihre eigene Leistung messen können. Vergeben Sie hierfür aber bitte konkrete Parameter, z. B. „gelungener Gesprächseinstieg zurechtgelegt", „mit Historie des Kunden vertraut gemacht", „fünf überzeugende Verkaufsargumente verinnerlicht" etc.

- Schließlich notieren Sie sich das *geplante Zeitfenster* für die Erledigung der Aufgabe, d. h. den Zeitpunkt, an dem Sie – ganz realistisch gesehen – mit dieser Aufgabe beginnen, und die *Deadline*, bis zu der Sie die Aufgabe fertiggestellt haben werden. Verplanen Sie nur maximal 50 bis 60 Prozent Ihres Arbeitstages. Die restlichen 40 bis 50 Prozent werden durch spontan auftretende Tätigkeiten, die Ihre Flexibilität voll und ganz ausreizen, und z. B. durch soziale Aktivität „aufgefressen".

- Für den Fall, dass Sie eine andere Person mit der Erledigung der Aufgabe betraut haben, notieren Sie sich diese Tatsache gedanklich unter *„delegierte Aufgaben"*. Dann nehmen Sie ein gerne auch andersfarbiges Notizblatt und notieren hierauf den Namen der Person, die Aufgabe, den Termin usw. Am besten verwenden Sie für Ihre Teamkollegen immer das gleiche Set an Farben. Tipp: Achten Sie darauf, dass der Empfänger der Erledigung der über- tragenen Aufgabe auch wirklich zustimmt (was Ihrer Aufmerksamkeit bedarf und was Sie besser delegieren sollten, kommt noch.)

Nun nehmen Sie eine ganz ordinäre Wäscheleine und spannen diese in Ihrem Büro auf, am besten an einem Ort, den Sie schnell bzw. regelmäßig im Blick haben und den Sie und gegebenenfalls Ihre Mitstreiter rasch und bequem erreichen. Nun hängen Sie die Aufgabenzettel mit handelsüblichen Wäscheklammern an die Leine und haben alles im Blick. Letztlich ist auch das nur eine Form der Zettelwirtschaft, doch es sieht ordentlicher aus und macht bedeutend mehr Spaß. Sie können auch auf einen Terminplaner zurückgreifen. Die Entscheidung, ob Sie einen verwenden wollen oder ob Sie es bleiben lassen, liegt bei Ihnen. Der nächste Abschnitt soll eine Hilfestellung bieten und eine analoge Alternative für die Methoden der digitalen Hightechzeit vorstellen.

Terminplaner oder kein Terminplaner?

Hierüber sind schon ganze Bände geschrieben worden. Die einen schwören auf die gute alte Kladde, die anderen verwenden ein spezielles Kalendersystem mit speziellen (und meist sündhaft teuren …) Einlegeblättern, wieder andere schwören auf ihren PC und auf hoch integrierbare technische Hilfsmittel wie Palm oder Blackberry (oder wie sie alle heißen mögen), wieder ganz andere mögen es exotisch.

Nutzen Sie doch, was Sie wollen! Ja, das ist genau so gemeint, wie es hier geschrieben steht und wie Sie es gerade gelesen haben. Wichtig bei der ganzen Sache ist schlicht und ergreifend, dass Sie die Motivation dazu haben, dieses wie auch immer geartete System regelmäßig und lückenlos zu nutzen. Wobei dieser Satz an sich bereits für eine gewisse Transportierbarkeit des Ganzen spricht. Suchen Sie sich etwas, dessen regelmäßige Anwendung Ihnen Spaß macht.

Wie wichtig die Komponenten „Spaß" und „am Ball bleiben" sind, soll folgendes Beispiel aus der Praxis verdeutlichen: Volker P. arbeitet im Mediengeschäft. Er produziert Musik und Musikvideos. Bis vor einigen Jahren „verwaltete" er seinen täglichen Zeitvorrat und den seiner Mitarbeiter mit mikroskopisch kleinen Post-it-Haftnotizzettelchen, die an allen möglichen (und unmöglichen …) Stellen im Tonstudio, im Empfangsbereich, am Videoschneideplatz (und sogar auf dem Klo am Spiegel) klebten. Selbst das in bester Absicht gekaufte Geschenk eines guten Freundes, ein *personal digital assistant* (neudeutsch für: persönlicher digitaler Assistent, kurz PDA), verfehlte den erhofften Erfolg.

Und was brachte nun die ersehnte Rettung aus dem Chaos? Das Gebilde, das Volker P. neuerdings durch die Arbeitswoche rettet, nennt sich *Arbeitsbaum*. Und der sieht so aus: Stellen Sie sich einen Baum mit zehn Ästen vor. Fünf der Äste zweigen nach links, fünf nach rechts.

Die linken stehen für die Arbeitstage einer Woche. Diese fünf Äste teilen sich in zwei Zweige mit grünem Blattwerk (angelegt mit Schultafellack aus dem Baumarkt). Das Blattgrün steht für den Vormittag und den Nachmittag. Der große rote Apfel zwischen den beiden Ästen symbolisiert den Termin für das Mittagessen.

Die rechte Seite weist ebenfalls fünf Äste auf: Das Wochenende bestehend aus Samstag und Sonntag (mit bekannter Aststruktur). Dann gibt es noch drei weitere Äste: Einen für die Tätigkeiten der nächsten Woche, einen für die aktuellen Wochenziele und einen als Sammelstelle für periodisch wiederkehrende Gedenktage.

Ein solcher Arbeitsbaum ist rasch selbst angefertigt. Sie hängen ihn am besten so auf, dass all jene, die auf ihn zugreifen müssen, diesen einigermaßen bequem erreichen und ihn einsehen können. Im Fall des Volker P. hängt er rechts neben seinem Audio-Mischpult, an dem er die meiste Zeit zwischen Synthesizern verbringt. Vom Arbeitsplatz für den Videoschnitt kann er seinen „Wochenkalender" ebenfalls sehen. Seine Tätigkeiten plant Volker P. zwar immer noch so, dass er diese auf kleine Haftnotizzettelchen schreibt. Inzwischen ordnet er diese jedoch immerhin dem entsprechenden Ast zu. Die Zettel der erledigten Aufgaben landen im Papierkorb, an dem ein kleiner Basketballkorb angebracht ist, der lauten Jubel von sich gibt, wenn etwas hindurchgeworfen wird.

Den Arbeitsbaum können Sie natürlich selbst frei umgestalten. So können Sie durchaus weitere Äste hinzunehmen. Das Weglassen einzelner Äste ist weniger ratsam. Die Anzahl hat sich inzwischen bei einigen Kreativen recht gut bewährt, um ein wenig mehr Ordnung zu schaffen. So schön, ansprechend, funktional und – wenn Sie es so wollen – kreativ kann Zeiteinteilung erfolgen. Ihr Zeitvorrat bleibt zwar der gleiche, doch erlangen Sie wieder den Überblick, wofür Sie Ihre Zeit einsetzen und ob dies im Sinne Ihrer Ziele geschieht.

Mit einem Mythos müssen wir beim nächsten Thema aufräumen. Die Rolle als Führungskraft ist beim nächsten Aspekt, dem Delegieren, eigentlich sekundär. Zugegeben, auch in dieser Disziplin gibt es Talente. Dennoch kann auch diese Fertigkeit wie das meiste im Leben erlernt und mit Übung verfeinert werden. Eine gute Führungskraft sollte Delegieren natürlich aus dem Effeff beherrschen und darin viel Routine besitzen. Der nächste Abschnitt zeigt deshalb, worauf es beim Delegieren von Aufgaben ankommt.

Delegieren – was bedarf wirklich Ihrer Aufmerksamkeit?

> *„Es kommt weiter wie geschmiert der, der richtig delegiert."*
> Volksmund

Delegieren ist eine Methode des Aufgabenmanagements, bei der Sie aktiv darüber nachdenken und entscheiden, ob Sie die Hilfe anderer zu Erledigung Ihrer Aufgaben in Anspruch nehmen.

Daneben hat Delegieren noch einen weiteren höchst interessanten Effekt. Hand aufs Herz: Haben auch Sie ein wenig Angst, dass die Person, der Sie eine Aufgabe übertragen, es „versaubeutelt"? Ist diese Angst unter Umständen bei Ihnen – wie bei übrigens recht vielen Menschen – so groß, dass Sie sich lieber die Nächte im Büro um die Ohren schlagen, statt Ihren guten Ruf durch die Unfähigkeit anderer gefährdet zu sehen?

Die Lösung dieses Problems ist so banal wie effektiv: Trauen Sie anderen doch einfach mal etwas zu! Führen Sie sich doch mal vor Augen, dass ganz große Meisterwerke dieser Welt teilweise nur deshalb zustand gekommen sind, weil die dahinter stehenden – oft bis zur Genialität – kreativen Köpfe einen Teil der gewaltigen Aufgabe anderen anvertraut haben. Große Künstler wie Michelangelo oder Rembrandt haben beispielsweise Feinarbeiten wie das Anfertigen von Vorzeichnungen oder das enorm zeitraubende Malen kleinster Details an Schüler delegiert.

Delegieren ist an sich eine denkbar leichte Sache. Die wesentlichen Treiber gekonnten Delegierens sind die folgenden zwei Fragen:

- Inwieweit **muss** ich diese Aufgabe **unbedingt selbst** erledigen?
- Inwieweit **kann** ich diese Aufgabe **jemand anderem** anvertrauen?

Wer etwas delegiert, gibt eine Aufgabe und die dafür notwendige Handlungskompetenz an einen Mitarbeiter oder jemand anderen ab, um sich zu entlasten. Bei Mitarbeitern führt dieser Vorgang zu einer Stärkung seines Selbstbewusstseins: Sie trauen ihr oder ihm zu, Verantwortung zu übernehmen. Sie oder er identifiziert sich mehr mit dem Unternehmen und das Selbstwertgefühl steigt, da dem Mitarbeiter Kompetenzen zugetraut werden.

Kurzum: In richtigem Delegieren stecken lauter schöne Dinge. Es ist ein Geschenk des Himmels. Sie haben weniger Stress und mehr Zeit, sich um die Verwirklichung Ihrer Ziele zu kümmern, und der Empfänger der Aufgabe wird durch den Vorgang in der Regel in seinem Selbstvertrauen gestärkt. Alle sind glücklich und haben sich lieb.

Und nun an alle die, die die Gelegenheit hätten, Aufgaben zu delegieren und es nicht tun: **Warum zum Henker delegieren Sie denn nicht?**

Unsere High-Speed- und Leistungsgesellschaft sieht das Unvermögen zu delegieren im Übrigen als schwerwiegende Führungsschwäche. Der meist deutlich teurere und ständig etwas von Zeitmangel faselnde Vorgesetzte belastet sich selbst mit Arbeiten, die ein Mitarbeiter ebenso gut erledigen könnte. Die Motivation der Mitarbeiter sinkt, da ihnen offensichtlich nichts zugetraut wird. Dreimal dürfen Sie raten, wie lange Ihnen solche Mitarbeiter treu bleiben.

Ob eine Aufgabe delegiert werden kann, hängt von einigen Faktoren ab. Stellen Sie sich folgende Fragen:

- Welche Priorität hat die Erledigung der Aufgabe?
- Lässt sich die Aufgabe als Arbeitspaket klar umreißen?
- Inwieweit reichen Erfahrung und Fähigkeiten des Empfängers der Aufgabe aus?

Ein Tool hat sich als besonders hilfreich erwiesen, wenn es darum geht, die Entscheidung zu fällen, ob eine Aufgabe bereits aufgrund ihrer Priorität selbst zu erledigen oder zu delegieren ist. Hierbei hilft ein *Entscheidungsraster*, das auf den ehemaligen General und US-amerikanischen Präsidenten *Dwight D. Eisenhower* zurückgeht (siehe Grafik).

Mithilfe dieses Rasters ordnet der Entscheidungsträger die zu beurteilenden Aufgaben anhand der beiden Dimensionen Wichtigkeit und Dringlichkeit bestimmten Prioritäten zu. Das Raster lässt vier verschiedene Entscheidungen und damit Prioritäten zu, die entweder in absteigender Wichtigkeit mit Zahlen (1 bis 4), mit Buchstaben (A bis D) oder nach der im englischen Sprachraum recht verbreiteten sogenannten **MoSCoW**-Regel bezeichnet werden

können. Das können Sie halten wie die Witwe Bolte – nur sollten Sie sich für eine der Varianten entscheiden und diese beibehalten.

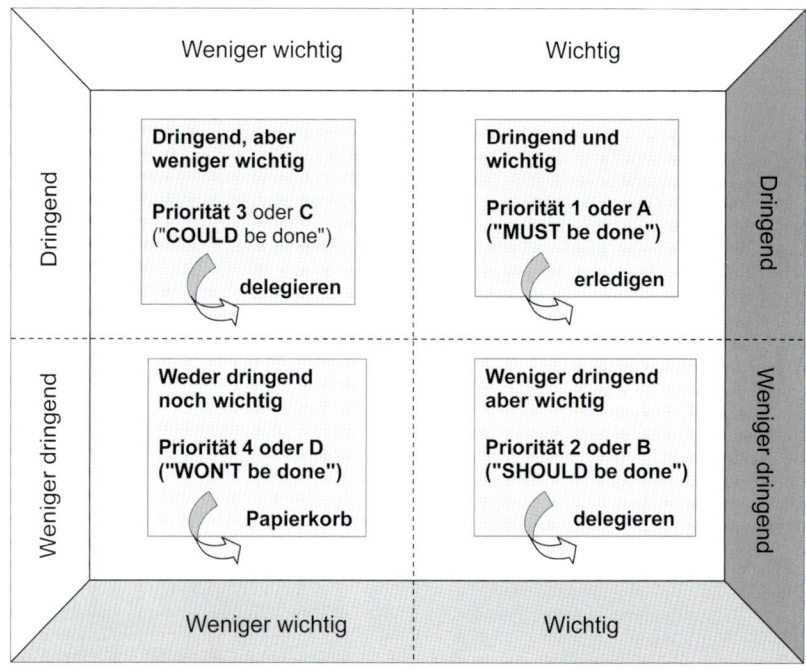

© Joachim Böttcher

Priorität 1 oder **A** („**MUST** be done")	Alle Aufgaben, die sehr dringend zu erledigen sind und die von hoher Wichtigkeit sind. Diese Aufgaben müssen sofort angepackt und schnellstmöglich umgesetzt werden.
Priorität 2 oder **B** („**SHOULD** be done")	Aufgaben, die von hoher Wichtigkeit sind, deren Erledigung aufgrund geringer Wichtigkeit jedoch warten kann. Der Zeitpunkt der Erledigung ist jedoch vorausschauend zu planen. Dann kann eine solche Aufgabe durchaus kontrolliert delegiert werden.

Priorität 3 oder **C** („**COULD** be done")	Diese Kategorie weist Aufgaben von geringer Wichtigkeit, aber hoher Dringlichkeit auf. Diese Aufgaben sind bei entsprechendem Termindruck in jedem Fall nach Aufgaben mit A- und B-Priorität anzupacken und umzusetzen. Am besten delegieren Sie diese Aufgaben sofort.
Priorität 4 oder **D** („**WON'T** be done")	Aufgaben, die an sich schon unwichtig sind und deren Erledigung auch noch ewig dauern dürfte. Delegieren Sie diese an Ihren neuen allerbesten Freund im Büro: den Papierkorb!

Da nach dem erwünschten Versenken der Prioritäten der Kategorie D im Papierkorb nur noch Prioritäten mit den Buchstaben A, B und C übrig bleiben, wird diese Vorgehensweise auch ABC-Analyse genannt.

Aufgaben der 2. und 3. Priorität (*SHOULD be done und COULD be done*) sind Aufgaben, die grundsätzlich delegationsfähig sind. Hierzu gehören insbesondere:

- Immer wiederkehrende Routineaufgaben (z. B. regelmäßige Reports)
- Detailaufgaben, die sich klar umreißen lassen (z. B. das Erstellen eines Media-Plans oder das Konzept für eine PR-Aktion)
- Vorbereitende Aufgaben (z. B. Recherchen, Reisevorbereitungen)
- Reine Spezialistenaufgaben (z. B. kreative Arbeiten oder Texte oder so beliebte Dinge wie etwa die Steuererklärung – die delegieren Sie doch auch an einen Steuerberater, oder?)

Die meisten Menschen neigen dazu, mehr als 60 Prozent ihrer Arbeitszeit für die Erledigung ihrer Aktivitäten zu verplanen. Widerstehen Sie dieser Versuchung, denn auf Dauer geht das definitiv schief.

Daher ist folgender Rat angebracht:

- Vergeben Sie für alle Aufgaben eine *Priorität*. Schmeißen Sie die Aufgaben mit Priorität 4 (D), die „WON'T be dones", sofort in den Papierkorb und streichen Sie auf diese Weise Ihre Aufgabenliste kräftig zusammen.

- *Delegieren Sie*, wann immer Sie die Möglichkeit dazu haben. Und zwar möglichst alle Aufgaben, die Sie gemäß der Aufstellung oben delegieren können – Prioritäten 2 (B) und 3 (C) – die „SHOULD" und „COULD be dones".

- *Packen Sie Ihre Aufgaben an* und arbeiten Sie die Liste ab. Wenn Sie erneut an Kapazitätsgrenzen stoßen, müssen für Aufgaben eventuell neue Prioritäten vergeben werden. Sie werden dann verschoben, doch delegiert oder eventuell komplett gestrichen. Letzter Ausweg sollte sein, diese in Überstunden zu erledigen.

Wenn Sie nun auf die oben beschriebene Weise herausgefunden haben, dass die gegenwärtige Priorität (2 oder 3 bzw. B oder C) der Aufgabe, die Sie delegieren möchten, dieses Delegieren auch zulässt, müssen Sie sich der nächsten Frage widmen: Lässt sich die Aufgabe als Arbeitspaket klar umreißen? Können Sie diese Frage mit Ja beantworten, müssen Sie dieses Arbeitspaket klar definieren und – unterstützt von SMARTy – aus der Hand geben:

- **S**pezifisch: Was genau will ich vom Empfänger der Aufgabe erledigt haben? Seien Sie so spezifisch wie irgend möglich. Nichts ist – für beide Seiten übrigens – ernüchternder, als Zeit zu investieren – und am eigentlichen Thema vorbeizuarbeiten.

- **M**essbar: Anhand welcher Kriterien merken Sie, dass die Aufgabe erledigt ist? Definieren Sie diese Parameter und vereinbaren Sie bei komplexeren und langwierigen Aufgaben mit ungewissem Endtermin (z. B. bei Projekten) sogenannte Meilensteine (*Milestones*), an denen Sie gemeinsam den Zwischenstand anschauen.

- **A**kzeptiert: Der Empfänger der Aufgabe sollte der Aufgabe aus freien Stücken zustimmen.

- **R**ealistisch: Bürden Sie niemandem eine Aufgabe auf, zu deren Erledigung diese Person weder die Kenntnisse noch die nötige Erfahrung mitbringt. Andererseits steckt in vielen Menschen mehr, als Sie auf Anhieb vermuten. Menschen wachsen auch mit ihren Herausforderungen. Unter Umständen müssen Sie für die notwendige Schulung des oder der Aufgabenempfänger sorgen.

- **T**erminiert: Setzen Sie einen klaren, realistischen und akzeptierten Termin, bis zu dem die Aufgabe erledigt sein soll.

Nun ist das Leben aber mitunter in heißen Phasen einfach schwer planbar. Der Chef will ganz schnell etwas, der Lieblingskunde droht mit einem Schnellschuss, der am besten gestern fertig sein soll. Und Ihnen geht, bei aller Vorbereitung und aller Aufgabendelegation, doch die zeitliche Puste aus. Für diese Situation soll Sie der nächste Abschnitt wappnen.

Contingency einplanen

Der Begriff *Contingency* beschreibt das, was durch die Planung von Sicherheits- und Pufferzeiten wieder eingefangen werden soll: Ins Schwimmen geraten durch unvorhergesehene, zufällig auftretende Ereignisse. Wie am Beispiel des Volker P. aus der Kreativ-Szene im Wortsinne veranschaulicht, neigen Menschen mit besonders kreativer Begabung dazu, sich buchstäblich zu „verzetteln". Dass Sie nun künftig damit beginnen werden, alle Aufgaben an die Leine zu nehmen, heißt noch lange nicht, dass Sie sich nicht doch einmal in eine Sackgasse manövrieren oder von Dritten dort hineinmanövriert werden. Selbst „Zettelwirtschaft" kann unter Umständen bedeuten, dass Sie bereits alles lückenlos erfasst haben. Die fehlende, aber nötige Struktur erreichen Sie dadurch, dass Sie der klaren Empfehlung folgen, einen Terminplaner (oder einen kreativeren Ansatz wie z. B. den Arbeitsbaum) zu nutzen.

Viele, insbesondere Menschen, die bevorzugt auf die kreativen Fähigkeiten der rechten Hirnhemisphäre setzen, planen zwar, aber sie planen nicht *smart*, sondern *stupid*. Sie wollen jedes Detail einer Sache in Erfahrung bringen, statt sich – was nach der 80/20-Regel (dem sogenannten Pareto-Prinzip) durchaus ausreichen würde – auch mit weniger zufriedenzugeben. Zeitdiebe, wie unnötige und dann oft auch noch künstlich in die Länge gezogene Meetings, haben es bei ihnen leicht. Zu allem Überfluss schwören sie auf die Politik der offenen Tür (*Open-Door-Policy*), und unangemeldetem Besuch stehen wortwörtlich Tür und Tor offen für *Zeitdiebstahl*. Daneben herrscht oft Planlosigkeit; diese Menschen sind letztlich mit dem Virus der Aufschieberitis infiziert.

Doch das sicherlich schlimmste Fehlverhalten ist: Sie *überschätzen ihre Kräfte* und ihren Zeitvorrat. Und so nehmen sie sich vor, zu viele Dinge auf einmal zu erledigen. Das Ganze endet in *noch mehr Chaos*, noch mehr Dingen, die aufgeschoben und letztlich immer wieder unter erneutem Zeitaufwand angepackt werden müssen … Jeder Teufelskreislauf hat irgendwann einmal angefangen.

„All I need is the air that I breathe", wusste schon die britische Band The Hollies. Und genauso entkommen Sie diesem teuflischen Kreislauf. Die folgenden vier Punkte können Sie sich prima merken, denn die Anfangsbuchstaben ergeben zusammengenommen das, von dem Sie in Stresssituationen glauben, sie bliebe ihnen weg. Dabei ist es genau das, was Sie gerade dann am meisten brauchen: *LUFT*.

„**L**änge"	*Daumen hoch und* **schätzen**! Legen Sie die Länge und damit das Zeitbudget fest, das Sie in die entsprechende Aufgabe stecken wollen oder stecken müssen. Es ist wie bei einer Kostenschätzung für einen Kunden bzw. bei einer geplanten Investition. Da kalkulieren Sie doch auch, oder? Denken Sie daran: Eine dürftige Schätzung ist immer noch besser als gar keine – und weiterhin planlos zu sein.
„**U**rlaub"	*Machen Sie jeden Tag ein wenig* **Urlaub**! Lassen Sie sich Luft und sehen Sie in Ihrem Plan maximal 50 bis 60 % Ihrer Arbeitszeit für die Erledigung bekannter Aufgaben vor. Besonders clever ist es, 20 % für spontane Dinge vorzusehen. So können Sie flexibel auf Spontanes und wirklich Wichtiges reagieren. In den restlichen 20 % der vorgesehenen Pufferzeit können Sie wirklich urlaubsähnlich regenerieren: bei spontanen sozialen Aktivitäten mit Kollegen.

„**F**ernhalten"   **Blocken** *Sie Ihr Büro von Störenfrieden ab!* Schaffen Sie sich eine stille Stunde, in der Sie mit der wichtigsten Person des Tages allein arbeiten: mit sich selbst. Nutzen Sie die Zeiten, in denen Sie am produktivsten sind, um auch wirklich produktiv zu sein. Stellen Sie Ihr Telefon um, schließen Sie die Tür – wer etwas wirklich Wichtiges von Ihnen will, wird Sie erreichen oder eben eintreten. Die ganzen unwichtigen Telefonate, spontanen Anfragen und das zeitraubende Office-Gelaber sind so nach draußen verbannt. (Wenn Ihr Büro jedoch plötzlich liebevoll in einem Atemzug mit Fort Knox genannt wird, sind Sie sicher eine Spur zu weit gegangen …)

„**T**ension"   *Halten Sie die* **Spannung** *aufrecht!* Setzen Sie sich selbst unter Druck, Ihre – bitte smart – geplanten Vorgaben auch einzuhalten.

Wenn Sie nun dank des Akronyms LUFT und der damit verbundenen Vorgehensweisen selbige wieder ausreichend zur Verfügung und eingeatmet haben, können Sie sich der entschiedenen Umsetzung widmen. Hierum soll es im Folgenden gehen.

Entschlossen und motiviert umsetzen / Erfolge *tracken*

Die Entscheidung, etwas umzusetzen, den eigentlichen Entschluss, kann Ihnen niemand abnehmen. Sie sind der unbewegte Motivator, sprich „Beweger", der Mensch, der eigenen Antrieb entwickeln muss, sein Lebensziel zu erreichen. Wenn Sie in einer zunächst verzwickt erscheinenden Situation ihre positive Ader bzw. die richtige Einstellung behalten und die Sache entschlossen anpacken, haben Sie den halben Weg bereits hinter sich.

Über die Aspekte Motivation und Einstellung hinaus können Sie zwei Kurven berücksichtigen, um möglichst wenig Ihrer einzusetzenden Energie wirkungslos verpuffen zu sehen: die Kurve Ihrer individuellen Leistungsfähigkeit im Verlauf des Tages – die Hirnschmalz-Kurve – und die Kurve, die Aufschluss über die Anfälligkeit gewisser Tageszeiten für Störpotenzial gibt – die Zeitdiebstahl-Kurve.

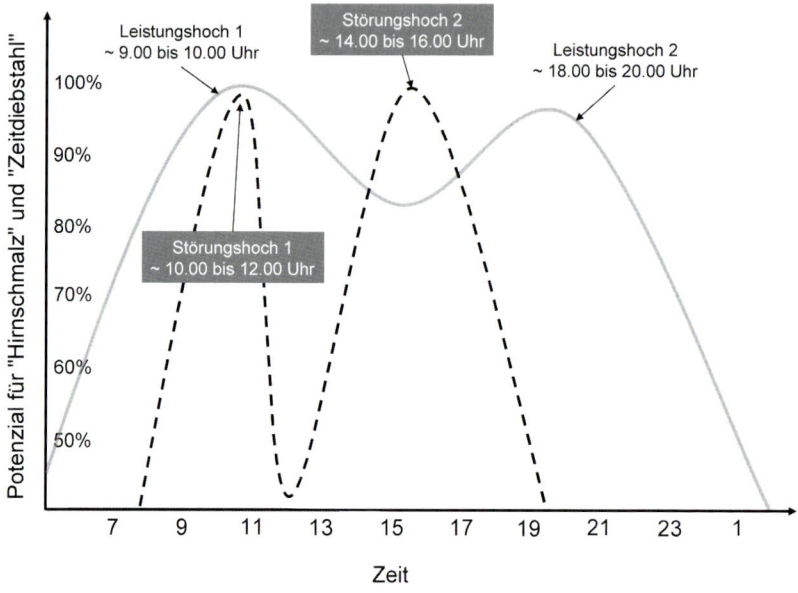

© Joachim Böttcher

Die Kurven, die Sie hier sehen, basieren auf Erfahrungswerten vieler Menschen. Ihre individuellen Kurven können natürlich durchaus davon abweichen. Finden Sie heraus, wie die Kurven in Ihrem Alltag normalerweise aussehen – und planen Sie dann entsprechend. Gehen Sie dabei wie folgt vor:

- Picken Sie sich die „zeitdiebstahl"-, sprich einigermaßen störungsfreien Zeiten heraus und erledigen Sie hier Ihre Aufgaben mit der höchsten Priorität. Ein Tipp: Schotten Sie sich ruhig für die sogenannte *stille Stunde* ab und stellen Sie das Telefon auf jemand anderen oder notfalls auf Ihre Mailbox um.

- Berücksichtigen Sie Ihr Potenzial, Ihr „Hirnschmalz" auch wirklich einsetzen zu können: Ihre Leistungskurve. Wenn Sie besonders viel Hirnschmalz aufwenden müssen, legen Sie die Tätigkeit in Zeiten, in denen Sie üblicherweise Ihr Leistungshoch verspüren.

Und nun wenden Sie sich im nächsten Kapitel den Themen „Motivation" und „Selbstmotivation" zu. Erfahren Sie, wie Sie es schaffen, eigenen Antrieb zu entwickeln, diesen aufrechtzuerhalten und unter Umständen sogar andere in Bewegung zu versetzen – sprich andere zu motivieren.

Motivation

Der innere Schweinehund ist ein hungriger Geselle. Seine Nahrung? Ihre guten Vorsätze. Seine Methode: Ausreden. „Warum das Kerlchen nicht einfach auf Nulldiät setzen und ihm keine Ausreden mehr servieren?", werden Sie jetzt denken. Aushungern funktioniert leider nur bedingt. Sein und damit Ihr Denken ist ziemlich fest verankert. Und so braucht es schon ein paar ganz gewiefte psychologische Kniffe, um Ihrem inneren Schweinehund dauerhaft den Garaus zu machen.

Der Horror-Klassiker „Der innere Schweinehund" ist der wahrscheinlich größte *Blockbuster* aller Zeiten. Er läuft täglich in den Kinos. Weltweit. Otto Schluri, ja selbst Paula Pingel, alle kennen das: Kaum hat man sein Verhalten geändert und hat den ersten Schweinehund verhungern lassen, kommt auch schon die Fortsetzung in die Kinos. Titel: „Die Rückkehr des inneren Schweinehundes". Die dauerhafte Veränderung wird für uns zur Herausforderung. Erst wenn Sie in Ihrem Kopf wirklich den Schalter umgelegt haben, ist der innere Schweinehund endgültig verbannt. Doch worum geht es beim Umlegen des Schalters wirklich? Um Durchhalteparolen, wie in dieser kurzen Anekdote?

Zwei Mäuse fallen in einen Krug voll Sahne. Die Wände sind glatt und die Situation erscheint hoffnungslos. Die eine Maus resigniert, ergibt sich ihrem Schicksal, sagt der Welt Adieu und lässt sich untergehen, um in der Sahne ertrinkend zu sterben.
Die andere Maus krault so lange im Sahnetopf umher, bis die Sahne zu Butter geworden ist. Zum Schluss klettert die Maus auf den Berg Butter, springt heraus und lebt noch viele vergnügliche Jahre.

Anreizsysteme gibt es viele. Manche glauben an Geld, manche an Druck von oben oder die Allmacht des *Coaches*. Die Wahrheit ist einfach und hart: Auf Dauer können nur Sie allein Ihren inneren Schweinehund in die Wüste schicken.

Sie und nur Sie sind die einzige Person, die Tag und Nacht von ihm umgeben ist. Helfer und *Coaches* von außen mögen dabei *hilfreich* sein, sind aber eben nur Helfer und Coaches (und oftmals zu guter Letzt durch Ihre *Hilfe reich* geworden.) In dem Moment, in dem Sie wieder alleine sind, stehen Sie und Ihr innerer Schweinehund eben auch wieder alleine Auge in Auge voreinander.

Motivation beginnt nicht auf dem Bankkonto. Sie beginnt immer im Kopf. In Ihrem und in den Köpfen aller Ihrer Kollegen. Und manchmal ist es eben hilfreicher, Inhalte zu vermitteln, indem man ganz bewusst welche ausschließt:

Beim Thema Motivation und dem Besiegen des inneren Schweinehundes geht es eben nicht um die „Du schaffst es!"- und die „Gib nie, nie, niemals auf!"-Mentalität der oben aufgeführten Geschichte. Mit dem Diktat zum Optimismus, zu zwanghaftem positiven Denken lockt mancher Trainer, der eher Entertainer als Trainer ist, tief enttäuschte und orientierungslose Zwangsneurotiker teilweise zu Tausenden auf seine sündhaft teuren Motivationsveranstaltungen. Abhebende Adler, sprich echte Gewinner, gibt es nach solchen Veranstaltungen meistens nur einen: den Motivations-Trainer.

Stellen Sie sich folgende Situation vor. Kerstin, eine junge Frau, möchte Jörg, ihrem Freund, eine besondere Geburtstagsüberraschung bereiten. Jörg ist großer Rockmusik-Fan. Schon immer wollte er lernen, E-Gitarre zu spielen. Also geht Kerstin in ein Musikgeschäft und kauft für Jörg eine ordentliche E-Gitarre mitsamt kleinem Verstärker.

An seinem Geburtstag nimmt Jörg das Instrument aus dem Kasten, schließt es an den Verstärker an und zupft mit den Fingern einige Saiten. Das, was er anfangs produziert, klingt einfach grässlich.

Und was macht Jörg? Ausflippen und die Gitarre in die Ecke feuern? Die Schuld seiner Freundin Kerstin geben? Jörg lächelt seine Freundin an. Er freut sich. Weder wirft er das Instrument in die Ecke noch schreit er laut: „Ich werde nie, nie, niemals aufgeben!" Vielmehr erkennt er, dass er von einigen Dingen recht viel versteht. Und er erkennt, dass E-Gitarre spielen eben noch nicht dazugehört. Er hat dieses Wissen noch nicht. Bei diesem Thema fehlt ihm eben noch der Durchblick.

Positives Denken allein reicht eben doch nicht. Vielmehr geht es darum, sich bewusst zu werden, dass es mehrere Denkhaltungen gibt, und für sich persönlich herauszuarbeiten, welche die *richtige* ist. Nur die verleiht einem auch im Verkauf einen ausgeglichenen und sympathischen Ausdruck und Auftritt. Und nur diese Geisteshaltung kann nachhaltig Energie freisetzen und somit auch einen Kraftgewinn nach sich ziehen.

Doch wie entsteht diese Energie? Vergleichen Sie es mit einer Batterie. Wie bei einer Batterie gibt es neben einem positiven einen weiteren Pol, den negativen. Dazwischen fließt Strom. Und zwar genau so viel, wie der Widerstand der Leitungen zulässt. Der Widerstand ist manchmal genauso wichtig wie die anliegende Spannung. Die Höhe des Widerstandes legen Ihre Einstellungen, Ihre Erfahrung usw. fest. Ist er zu hoch, verfallen Sie in Lethargie, ist er zu niedrig, bekommen Sie wahrscheinlich einen Kurzschluss.

Motivation am Beispiel eines Stromkreislaufs

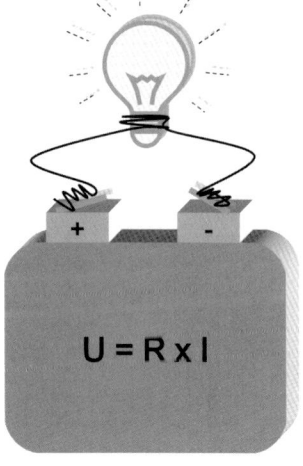

Motivationsfluss verhält sich analog zum Ohm'schen Gesetz…

Es fließt nur so viel Strom (U), wie der **Widerstand** (R) der Leitung zulässt!

Genau so ist es mit Ihrer **Motivation**. Ist Ihr **Widerstand zu hoch**, **verpufft** Ihre Energie.

Doch Vorsicht: Ist Ihr **Widerstand zu klein**, brennt eventuell Ihre Sicherung durch… Das **richtige Maß an Motivation** ist wichtig!

$$U = R \times I$$

© Joachim Böttcher

Ein anderes Bild: Nur mal angenommen, das Leben wäre wie das Meer und die Gezeiten. Sehen Sie es vor sich? Endlose Wassermassen. Mal große Wellen, mal kleine. Und immer wieder Ebbe und Flut. Genauso ergeht es Ihnen in Ihrem Leben. Mal sind Sie gut drauf, mal geht es Ihnen beschissen.

Und nun stellen Sie sich vor, Sie sollen Salz produzieren. Sie können anfangen, ein kleines Becken auszuheben, Meerwasser hineinleiten und warten, bis das Wasser verdunstet ist. Die dann zurückbleibenden Salzkristalle könnten Sie dann ernten. Sie könnten aber auch eine riesige Saline zur Meersalzgewinnung aufbauen. Die Grenze legen Sie fest. In Ihrem Kopf. Genau da, wo Marketing- und Vertriebserfolg und eben auch -misserfolg zu Hause sind.

So können Sie mit einem Fingerhut aus dem Reichtum des Lebens schöpfen und sich darüber echauffieren, dass andere mit dem Tanklaster vorgefahren kommen. Es hängt von Ihrer Einstellung ab, wie viel Strom zwischen den Polen fließt. Andere sind daran völlig schuldlos.

Wie eingangs erwähnt, geht es hier nicht darum, die rosarote Brille aufzusetzen und vom Negativtrip auf den Positivtrip umzuschwenken. Es geht darum, künf- tig richtig zu denken. Richtiges Denken basiert auf Ihren realistisch gesetzten Zielen. Diese werden so für Sie zu Ihrer Wahrheit. Durch zwanghaftes positives Denken lügen Sie sich letztlich einen in die Tasche. Damit geht es jetzt weniger um positiv oder negativ. Jetzt geht es vielmehr um den für Sie richtigen Weg zum Gipfel.

Die wenigsten unserer Handlungen werden durch das Bewusstsein gesteuert. Es ist in etwa wie bei einem Eisberg. Von dem sehen Sie nur etwa knappe zwei Prozent im Wasser treiben. Die restlichen 98 Prozent liegen unter der Oberfläche. Ähnlich ist es bei uns Menschen. Der größte Teil unserer Handlungen wird von unserem Unterbewusstsein gesteuert. Oder anders: Wenn wir der Überzeugung sind, dass eine Handlung fehlschlägt, wird unser Unterbewusstsein höchstwahrscheinlich auch dafür sorgen. Ihr Unterbewusstsein arbeitet nun mal so. Es wird Sie zu den Aktionen treiben, mit denen Sie im Grunde Ihres Herzens übereinstimmen. Dieses Wissen ist wichtig, wenn Sie eine Änderung erreichen wollen.

Doch wo fangen Sie am besten an? Am besten starten Sie bei Ihren Selbst- gesprächen und Ihrer Selbstkritik. Beobachten Sie sich mal, wenn Ihnen etwas misslingt. Wie reagieren Sie? Rutschen Ihnen Äußerungen heraus wie „Ich hirnloser Vollidiot!" oder ähnliche?

Und nun zu einer Aufgabe: Gehen Sie einmal ganz weit zurück. Wie haben Sie sich gefühlt, als Ihre Eltern oder auch Lehrer so etwas zu Ihnen gesagt haben? Diese Aufgabe war einfach. Es fühlte sich wenig begeisternd an. Ihr

Selbstwertgefühl sank. Wobei Sie hier wenigstens die Möglichkeit hatten, das gegen Ihr eigenes Selbstwertgefühl laufen zu lassen. Wie viel Schaden fügen Sie sich erst zu, wenn Sie selbst mit sich so abwertend sprechen und sich auf diese Weise negativ konditionieren? Ersetzen Sie solche abfälligen Bemerkungen über sich selbst doch durch neutralere oder positive Äußerungen wie:

- „Das kann ich aber bestimmt besser."
- „Beim nächsten Mal klappt es sicher schon besser."

Sie werden sehen: Das ist die *richtige* Denkweise. Und es ist eine, die funktioniert und mit der Sie die Dinge, die Sie sich vornehmen, entschlossen umsetzen werden. Sorgen Sie durch die richtige Denkweise dafür, dass Ihre Filmversion ein Happy End nach Ihrem Geschmack hat.

Warum es darüber hinaus wichtig ist, sich auch die noch so kleinen Erfolge immer wieder vor Augen zu führen, erfahren Sie im folgenden Abschnitt.

Ziehen Sie Bilanz

Holzhacken, so der Physiker Albert Einstein, sei deshalb eine so beliebte Tätigkeit, da man den Erfolg sofort vor Augen habe. Doch viele – und das gilt nicht nur für kreative – Menschen üben eine Tätigkeit aus, bei der eben leider nicht am Ende des Tages stolz einige Klafter gehackten Holzes beäugt und präsentiert werden können.

Für diese Menschen ist es besonders wichtig, das Ergebnis ihres Tagewerkes, die Erfolge, sichtbar zu machen. Suchen Sie deshalb nach einem Weg, Ihrem Tag, Ihren Wochen und Ihren Monaten im Wortsinn Gestalt zu verleihen. Ziehen Sie am Ende einer Zeitspanne gnadenlos Bilanz. Rechnen Sie mit Ihren Tagen, Wochen und Monaten schonungslos ab. Stellen Sie sich hierfür selbst ein paar einfache Fragen:

- Was haben Sie getan und *erreicht*?
- Was hätten Sie *besser* machen können?
- Was können Sie aus der jeweiligen Zeitspanne (Tag, Woche, Monat) *lernen*, damit Sie und Ihre *Zukunft noch besser* werden?

Die folgenden Seiten stellen kleine Tools dar, die Ihnen ein wenig dabei helfen sollen, verschiedene Kriterien für verschiedene Zeiträume nachgängig zu bewerten: Und zwar:

- in Form je einer Checkliste die einzelnen Tage bzw. Wochen,
- mit einer Art „Füllstandanzeige" Ihr Planungsverhalten im betreffenden Monat und
- mit lose aufeinanderstehenden „Bauklötzchen" das zu evaluierende vergangene Lebensjahr, auf dem vorsichtig austariert und höchst anfällig für Abweichungen in Form einer Kugel Ihr Lebensziel thront.

Zum Abschluss dieses Kapitels lernen Sie noch den Schmetterlingseffekt kennen und mit welcher Methode Sie diesem entgegentreten sollten, damit Sie bei Ihrem Rennen, dem RACE, nicht doch noch aus der Kurve getragen werden.

Tagesrückblick

Heute bin ich folgendem Ziel nähergekommen …

_____

_____

_____

_____

Geleistet habe ich heute …	Verschieben musste ich …
	Gründe dafür waren …
Meine Fehler heute waren …	Daraus lerne ich …
„Zeitfresser" für mich waren …	Besser Nein gesagt hätte ich, als …
Aufgeregt habe ich mich über …	Gefreut habe ich mich über …

Wochenrückblick

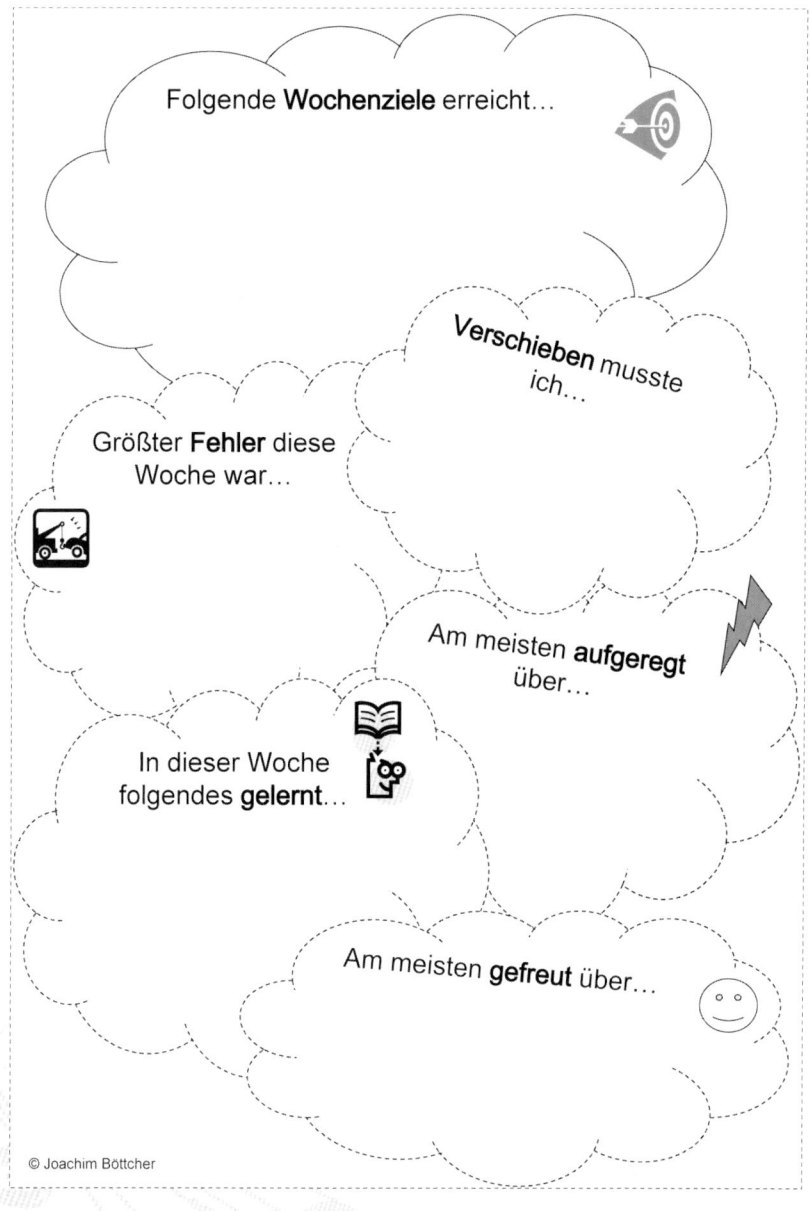

Folgende **Wochenziele** erreicht…

Verschieben musste ich…

Größter **Fehler** diese Woche war…

Am meisten **aufgeregt** über…

In dieser Woche folgendes **gelernt**…

Am meisten **gefreut** über…

© Joachim Böttcher

Monatsrückblick

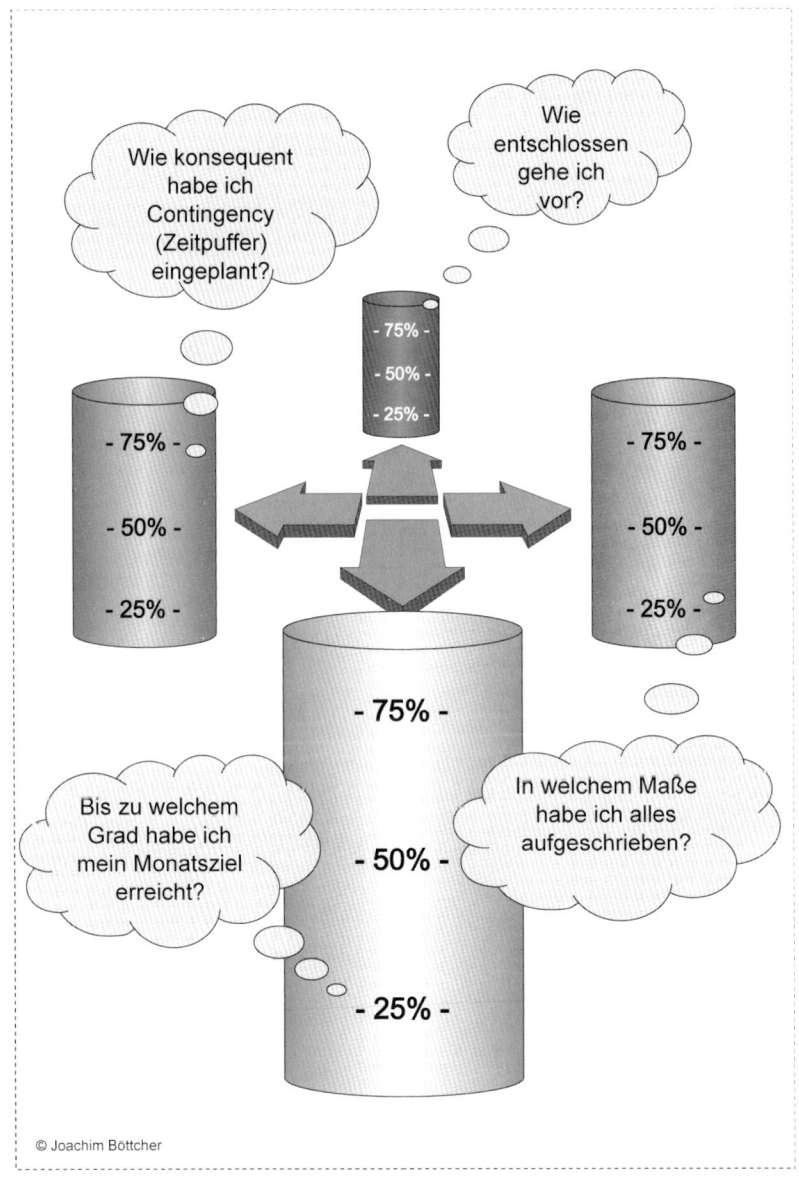

© Joachim Böttcher

Jahresrückblick

Ich bin meinen
Lebenszielen
näher gekommen?
☐ Ja
☐ Nein

Wie andere über mich
denken, entspricht
meiner Zielvorstellung?
☐ Ja
☐ Nein

Ich habe dieses Jahr
genug für mich selbst /
meinen Körper getan?
☐ Ja
☐ Nein

Ich habe mich dieses
Jahr genug um meine
Kunden gekümmert?
☐ Ja
☐ Nein

Meiner Familie habe ich
genug Zeit gewidmet?
☐ Ja
☐ Nein

Das Verhältnis zu meinen
Vorgesetzten ist so, wie
ich es mir wünschte?
☐ Ja
☐ Nein

Meine wichtigen
Freundschaften habe ich
aktiv gepflegt?
☐ Ja
☐ Nein

Die Beziehung zu meinen
Kollegen entspricht
meinen Zielen?
☐ Ja
☐ Nein

Kleine Fehler – große Wirkung

Kennen Sie den *Schmetterlingseffekt*? Dieser besagt, dass in komplexen und dynamischen Systemen – wie beispielsweise dem Wetter oder eben auch einem System aus verschiedenen Lebenszielen – eine vom Verhältnis her deutlich größere Empfindlichkeit auf kleinere Abweichungen in den Anfangsbedingungen herrschen kann. Anders: Kleiner Fehler, große (Langzeit-)Wirkung.

Um das noch etwas näher zu illustrieren, stellen Sie sich kurz vor, Sie besäßen eine funktionsfähige Zeitmaschine. Sie setzen sich hinein und reisen zu Ihrem eingangs beschriebenen 75. Geburtstag und zu Ihrer ganz persönlichen Lebensgeschichte, die Sie Ihren Enkeln erzählen. (Da Sie nun erarbeitet haben, was Sie Ihren Enkeln erzählen wollen, sollte sich diese Vorstellung recht gut anfühlen.)

Nun schauen Sie auf das Leben, das hinter Ihnen liegt. Sie sehen die nächsten zehn Jahre ab heute. Sie sehen die nächsten drei bis fünf Jahre auf sich zurasen, sehen das nächste Jahr, den nächsten Monat, die nächste Woche und – ja, und den heutigen Tag und die eine kleine Entscheidung, die es zu fällen gilt.

Dann gehen Sie den Weg wieder zurück zu Ihrem 75. Geburtstag. Versuchen Sie sich jetzt vorzustellen, wie diese eine kleine Entscheidung Ihre nächste Woche, den nächsten Monat, das kommende Jahr, die folgenden drei bis fünf Jahre, die nächste Dekade und Ihr ganzes Leben beeinflussen wird.

Werden Sie Ihren Enkeln immer noch die Geschichte erzählen können, die Sie sich gegenwärtig zu erzählen vorgenommen haben? Oder wird dieser *kleine Flügelschlag des Schmetterlings* (z. B. eine voreilige Reaktion, mal wieder kommen Sie zu spät zu einem Termin oder stoßen Ihre Familie durch eine vermeintliche Kleinigkeit vor den Kopf) Ihr System ins Straucheln gebracht haben?

Dem Schmetterlingseffekt können Sie durch *Rolling Forecast* begegnen. Dieser Begriff kommt ursprünglich aus dem Financial Controlling und bedeutet, dass Sie in regelmäßigen Intervallen einen Abgleich des Ist-Zustandes zum Soll-Zustand – sprich Ihren Zielen – vornehmen, um diese gegebenenfalls flexibel anzupassen. Und genau darum geht es hier: Auch Sie machen sich zunächst einmal im Geiste ein Bild des für Sie erstrebenswerten Zustands (Ihre

Lebensziele) und legen Maßnahmen fest, diese auf die Straße zu bringen. Auch Ihr Zielsystem unterliegt fortwährend internen und externen Einflüssen und muss eventuell durch Veränderungen angepasst werden. Wie ein Unternehmer, der in Ihrem Fall Lebenszeit investiert, müssen auch Sie Ihre Entscheidungen unter Berücksichtigung zukünftiger Wirkungen treffen.

Trends wie die fortschreitende Globalisierung, neue Technologien wie beispielsweise das World Wide Web 2.0 und die *„neue" New Economy*, um nur einige Beispiele zu nennen, machen es eben in nahezu allen Branchen, auch – oder besonders? – in den kreativen, notwendig, dass Sie und Ihr Leben heutzutage deutlich rascher und flexibler auf die steigende Dynamik der Marktumwelt reagieren.

Bei aller Flexibilität: Vermeiden Sie, dass es zur Selbstaufgabe kommt. Unglück und das negative Emotions- und Explosionspotenzial unterdrückter depressiver Gedanken sind der sicherste Weg an Ihren Lebenszielen vorbei.

Denken Sie daran: Es sind erst die *Kurven*, die ein *RACE* – Ihr Leben – so richtig spannend machen. Achten Sie darauf, dass Sie die Spur halten und nicht plötzlich aus der Kurve getragen werden. Und die Chance steigt, dass Sie Ihre Ziele erreichen und Ihnen Ihr kurven-, sprich abwechslungsreiches Leben schließlich ruhigen Gewissens Spaß macht.

Im nächsten Kapitel lernen Sie nun die Stärken und Schwächen der Person besser kennen, die in Ihrem mitunter stürmischen Leben das Ruder in der Hand hält (oder zumindest halten sollte): sich selbst.

KAPITEL 4

Persönlichkeits-Typen – Ihr Profil entscheidet

Schon die alten Griechen forderten: „Erkenne dich selbst." Schließlich ist Selbsterkenntnis der erste Schritt zur Besserung. Doch ist das so einfach? Der Blick in den Spiegel bringt nur Äußerlichkeiten ins Bewusstsein. Doch wie sieht es wirklich in uns aus? Heute gibt es viele Wege, in Form psychologischer Tests, um etwas über die eigene Persönlichkeit herauszufinden. Wichtig ist, dass es sich hierbei um Tests zur Erfassung persönlicher Eigenschaften handelt, bei denen es um Emotion, Motivation und Aspekte des Verhaltens geht. Es geht nicht darum, Fähigkeiten und Leistung zu testen. Folglich gibt es hierbei auch kein gutes und kein schlechtes Abschneiden. Gehen Sie deshalb auch dieses Thema völlig angstfrei an. Sie können viel über sich und andere lernen. Außerdem: Angst ist der größte Feind Ihrer Kernkompetenz, der Kreativität.

Verfahren für Persönlichkeitstests existieren viele. Einige der bekanntesten darunter sind:
- Myers-Briggs Typen Indikator (MBTI)
- DISG-Profil
- Big Five

Während das DISG-Profil darauf abzielt, die Dimensionen Dominant (D), Initiativ (I), Stetig (S) und Gewissenhaft (G) zu ergründen, wendet sich Big Five Begriffen wie Neurotizismus, Extraversion und Offenheit für Erfahrungen zu. Da es sich hier um kein Buch über psychologische Persönlichkeitstests handelt und aus Gründen der Lesbarkeit soll hier nur auf eine dieser Methoden näher eingegangen werden: den Myers-Briggs Typen Indikator (MBTI). Dieser Test bringt bereits wertvolle (Selbst-)Erkenntnis mit sich und zeigt Ihnen, nach welchem Muster Sie sich verhalten, wie Sie wahrnehmen, wie Sie entscheiden und wie Sie sich ausdrücken.

Die Methode basiert auf den Grundmustern menschlichen Verhaltens Carl Gustav Jungs und wurde von Katherine Briggs und Isabel Briggs Myers zum sogenannten Myers-Briggs Typenindikator weiterentwickelt und inzwischen von etlichen Millionen Personen absolviert. Im Gegensatz zu manchen psychologischen Persönlichkeitstests ist der MBTI in der Vergangenheit immer wieder in wissenschaftlichen Studien erprobt und weiterentwickelt worden. Hauptsächlich kommt er bei den Themen Lebens- und Karriereplanung zum Einsatz. Er eignet sich insbesondere dafür, eigene Stärken und Schwächen zu erkennen bzw. zu verdeutlichen.

Sind diese Stärken und die daraus resultierenden Schwächen erst einmal bekannt, kann der Einzelne lernen, besser damit umzugehen. Hierfür erhält sie oder er ganz konkrete Tipps im Rahmen des recht umfangreichen Testberichts zum individuellen MBTI-Profil. Dieses MBTI-Profil entspricht einer Kombination von vier Buchstaben aus einem feststehenden Set. Auf diese Weise werden Sie mit dem Test einem von insgesamt 16 möglichen Grundmustern menschlichen Verhaltens zugeordnet. Diese wiederum ergeben sich aus Ihrer jeweiligen Präferenz in vier verschiedenen Verhaltensbereichen.

- **Kommunikation**
- Wie kommunizieren Sie in der Regel?
- (**E**) extravertiert – interaktiv und umgänglich *versus*
- (**I**) introvertiert – konzentriert, reflektierend und reserviert

- **Wahrnehmung**
- Wie nehmen Sie bevorzugt wahr?
- (**S**) sinnbasiert – anschaulich, faktenbezogen, konkret *versus*
- (**N**) intuitiv – begrifflich, abstrakt

- **Entscheiden**
- Wie entscheiden Sie normalerweise?
- (**F**) gefühlsbetont – subjektiv, persönlich, überzeugend *versus*
- (**T**) analytisch – objektiv, kritisch, präzise

- **Orientierung**
- Wie gehen Sie mit dem Thema „Orientierung" um?
- (**P**) anpassungsfähig – spontan, offen für Neues *versus*
- (**J**) bestimmt – entschlossen, festgelegt, planerisch

Die Pole der Ausprägungen lassen sich wiederum den beiden Gehirnhemisphären zuordnen. So lässt sich erkennen, dass ein Mensch mit außergewöhnlichen kreativen Fähigkeiten unter Umständen vermutlich bevorzugt extravertiert, intuitiv, gefühlsbetont und anpassungsfähig handelt – **ENFP** eben.

Das bedeutet im Umkehrschluss z. B. für das MBTI-Profil **ISTJ**, dass es sich um einen Menschen handelt, der **I** bevorzugt introvertiert kommunizieren, **S** in der Wahrnehmung stets den Sinn, die Zahlen, Daten und Fakten suchen, **T** auf Basis von Analysen – sprich herrliche Korinthen kackend – entscheiden und sich **J** bestimmt und planvoll orientieren dürfte. Vermutlich wird dies ein Mensch sein, mit dem ein Kreativer auf den ersten Blick so gar nicht klarkommen dürfte. Doch das ist nur die halbe Wahrheit.

Der zweite Blick lohnt, und das sogar gewaltig: Ein solcher Mensch kann einen **ENFP** herrlich ergänzen, beruflich wie privat. In beiden mit den Profilen **ENFP** und **ISTJ** einhergehenden Schwächen liegt zwar auch erhebliches Potenzial für Konflikte. So passiert es häufig, dass jemand in den Gegenpol der bevorzugten Art, sich zu verhalten, etwas Negatives hineininterpretiert. So nimmt **F** eine oder einen **T** unterkühlt wahr, wohingegen **J** eine oder einen **P** eben rasch in die Schublade des Chaoten steckt. Hierbei kommt es tatsächlich einmal nur auf die Einstellung und Sichtweise des Betrachtenden an. Konzentrieren Sie sich darauf, die Stärken des anderen zu sehen. Wenn Sie nun auch noch akzeptieren, dass die Stärken des Gegenpols Ihre eigenen Schwächen unter Umständen zu kompensieren vermögen und umgekehrt, steht einer erfolgreichen Liaison eigentlich nichts mehr im Wege.

Die MBTI-Verhaltenspräferenzen und die Gehirnhemisphären

Linke Gehirnhälfte   Rechte Gehirnhälfte

I - Introvertiert   Extravertiert - **E**

S - Sinnbasiert   Intuitiv - **N**

T - Analytisch   Gefühlsbetont - **F**

J – Bestimmt/planend   Anpassungsfähig - **P**

© Joachim Böttcher

Sollten Sie den Test durchführen, erhalten Sie mit dem Testergebnis „Ihre" Buchstabenkombination, eine mehrseitige Analyse und eine Aussage darüber, worin die Stärken und die Schwächen Ihres Präferenzprofils liegen. Sie werden staunen, wie gut das Ergebnis Sie beschreibt – und sind der Kenntnis der eigenen Persönlichkeit ein gutes Stück näher.

Sofern das MBTI-Profil – das Testergebnis anderer Menschen (des Partners, des Chefs oder beispielsweise von Kollegen) – bekannt ist, wird es um ein Vielfaches leichter, auf die Stärken und Schwächen dieser Menschen und somit auf deren Interessen, Fähigkeiten und Emotionen einzugehen.

Um zu einem Testergebnis zu gelangen, müssen Sie Fragen beantworten, bei denen jeweils zwei Antwortmöglichkeiten vorgesehen sind. Der Test umfasst derzeit 88 Fragen, wird laufend angepasst und verbessert und ist im wahrsten Sinne des Wortes preiswert (soll heißen: er ist seinen Preis wert).

Den vollständigen Fragebogen (MBTI® Step 1) für das Instrument MBIT®, den weltweit am meisten genutzten Test zu Ermittlung des Persönlichkeitsprofils, erhalten Sie hier:

OPP®
Elsfield Hall
15–17 Elsfield Way
Oxford OX2 8EP
United Kingdom

Tel.:   01803 000 768 (Telefonhotline für Deutschland)
E-Mail: orders@opp.eu.com

Unter folgendem Link erhalten Sie sogar Berufsempfehlungen der amerikanischen Ball State Universität zu den einzelnen MBTI-Profilen:
http://www.bsu.edu/students/careers/questassets/type/

Weitere Informationen zum DISG-Profil erhalten Sie hier:

Persolog GmbH
Königsbacher Straße 21
75196 Remchingen
http://www.disg.de/

Den Test Big Five gibt es sogar kostenfrei im Internet:
http://de.outofservice.com/bigfive/

Mit dieser gestiegenen Selbst(er)kenntnis Ihrer Stärken und Schwächen im Schlepptau sind Sie nun bestens für das nächste Kapitel gerüstet. Hierin geht es um Wege, diese Stärken und Schwächen bei anderen zu erkennen und die eigenen ruhig auch einmal einzubringen, wenn die Situation dieses Vorgehen erfordert.

Selbstbild und Fremdbild

You never get a second chance to make a first impression, behauptet ein englisches Sprichwort. Man bekommt keine zweite Chance, einen ersten Eindruck zu hinterlassen. Und tatsächlich, im Alltag machen wir uns blitzschnell ein (manchmal gewiss falsches) Bild von unserem Gegenüber. Unser Gehirn scannt die Umwelt fortlaufend. Freund oder Feind? Angriff oder Flucht?

Dieses schnelle Einordnen in ganz bestimmte Schubladen ist höchst selten das Ergebnis sorgfältiger Beobachtung und Auswertung. Vielmehr ist es Teil einer tief in uns verwurzelten Überlebensstrategie dessen, was wir biologisch ganz streng genommen sind: ein Säugetier. Auf Grundlage von Instinkten und Erfahrungen verallgemeinern wir unsere Beobachtungen und Wahrnehmungen, würzen das Ganze mit Annahmen und lieb gewordenen Denkweisen, überlegen, in welches Schema unser Gegenüber demnach passt, und fällen schließlich unser mitunter vernichtendes Urteil.

Sobald wir auf andere Menschen treffen, scannen wir diese regelrecht und werden gescannt. Wir machen uns spontan ein Bild. Welche Eigenschaften besitzt unser Gegenüber? Welche Gefahr geht von ihr oder ihm aus? Was für einen Nutzen kann ich persönlich eventuell daraus ziehen, mit dieser Person in Kontakt zu treten? So verfahren wir mit Kunden, Geschäftspartnern, Kollegen, Freunden, Bekannten, unserem Nachbarn und auch mit Personen, die uns einfach nur auf der Straße begegnen. Dabei spielt es keine Rolle, ob uns eine einzelne Person gegenübersteht oder eine ganze Gruppe. Unser leistungsfähiges Gehirn verarbeitet die wahrgenommenen Eindrucke blitzschnell und beurteilt allesamt in Bezug auf ihr Aussehen, ihr Auftreten etc.

Doch wie nehme ich mein Gegenüber wahr? Und wie dieses mich? In welchem Verhältnis stehen Selbst- und Fremdwahrnehmung zueinander? Sieht das Gegenüber mich so, wie ich mich selbst sehe? Die beiden amerikanischen Sozialpsychologen Joseph Luft und Harry Ingham haben sich dieses Themas angenommen. Das nach ihnen benannte JOHARI-Fenster verdeutlicht, dass die subjektiv empfundene Selbstwahrnehmung einer Person von der fremden Wahrnehmung abweicht. Die Kernaussagen ihrer Beobachtungen sind:

- In der Regel nimmt eine Person nur einen Bruchteil des Bildes einer Person wahr.

- Unsere eigene Wahrnehmung (das Selbstbild) weicht somit in der Regel von dem Bild ab, das unser Gegenüber von uns hat (dem Fremdbild).

- Durch vertrauensvolle Gespräche lässt sich der Grad der Wahrnehmung im positiven Sinne beeinflussen und steigern.

- Der oder dem Einzelnen selbst sind und bleiben einige wesentliche Aspekte des eigenen Verhaltens unbewusst.

Übertragen Sie die Dimensionen „Ihnen bekannt (bzw. unbekannt)" und „anderen bekannt (bzw. unbekannt)" in ein Raster, ergibt sich eine Grafik mit vier Quadranten – das JOHARI-Fenster:

Das JOHARI-Fenster

A
Der öffentliche Bereich
▸ allen bekannt

B
Der blinde Fleck
▸ anderen bekannt

?

C
Die Privatperson
▸ Ihnen bekannt

D
Das Unbewusste
▸ keinem bekannt

© Joachim Böttcher, das JOHARI-Fenster nach Luft, J. und Ingham, H.

- **A: Der öffentliche Bereich**. Die Größe dieses Quadranten verdeutlicht, wie viel wir von uns ohne Ängste und Vorbehalte preisgeben, wie viel von uns anderen und uns selbst bekannt ist.

- **B: Der blinde Fleck**. Dieser verdeutlicht den Bereich, den wir selbst nur wenig, andere dafür aber sehr deutlich wahrnehmen. Hier geht es ganz allgemein um unser Verhalten und insbesondere um unsere Mimik, unsere Gesten und den Tonfall unserer Stimme.

- **C: Die Privatperson**. Diesen Teil verbergen wir bewusst oder auch unbewusst vor der Wahrnehmung anderer. Schöpfen wir Vertrauen in z. B. unseren Gesprächspartner, kann dieser Quadrant unter Umständen zugunsten des öffentlichen Bereichs schrumpfen.

- **D: Das Unbewusste**. Dies schließlich ist der Quadrant, der keinem von beiden bekannt ist. Hier sind Traumata ebenso wie in uns schlummernde und auch uns bislang noch verborgene Talente angesiedelt.

Was heißt das nun für den Umgang miteinander? Treffen zwei Gesprächspartner oder Mitglieder einer Gruppe erstmals aufeinander, ist der öffentliche Bereich (Quadrant A) zunächst noch sehr klein. Die Gesprächspartner zeigen wenig freie und spontane Aktion. Kommen gar Gefühle wie Unsicherheit, Spannung oder Angst hinzu, so zieht sich der Bereich des freien und aktiven Verhaltens eventuell sogar weiter zusammen. Das heißt, der öffentliche Bereich wird kleiner, während der Bereich der Privatperson größer wird. Oder anders: getrieben von Angst beginnen wir, bewusst Dinge zu verbergen.

Dabei ist es für eine fruchtbare Kommunikation notwendig, den öffentlichen Bereich wachsen zu lassen. Zwei der Quadranten lassen hierbei eine Veränderung zu. Wir können entweder mehr von uns offenbaren und somit den Bereich der Privatperson (Quadrant C) öffentlich werden lassen oder versuchen, im Gespräch mit unserem Gegenüber mehr Inhalte aus dem Bereich des „blinden Flecks" (Quadrant B) in Erfahrung zu bringen. Die Basis für Gespräche, die dies überhaupt ermöglichen, lautet immer: Vertrauen. Nur wenn wir unserem Gesprächspartner vertrauen, werden wir uns öffnen und so öffentlicher machen – und Quadrant A wird größer werden. Nur wenn der Gesprächspartner uns vertraut, wird sie oder er versuchen, Inhalte aus dem Bereich des blinden Flecks, den nur sie oder er kennt, ebenfalls zugunsten des öffentlichen Bereichs (Quadrant A) mitzuteilen.

Dieses entspannende und vertrauensvolle Klima, das Einzelne möglichst umfassend in den Gruppenprozess mit einbezieht, stellt sich jedoch erst durch intensive Kontakte der Teilnehmenden untereinander und durch Vertrautheit mit den verschiedenen Aspekten dessen her, was die Gruppe prägt. Erst wenn in Bezug auf Ziele und Normen, die Struktur und die Stellung in der Gruppe ein alle Mitglieder befriedigender Konsens hergestellt ist, können ein gutes Gruppenklima und die umfassende Aktivität aller Mitglieder erwartet werden.

Doch wie schaffen wir es, etwas über unser Selbstbild herauszubekommen und – was noch wichtiger ist – mehr über unser Fremdbild zu lernen? Was denkt zum Beispiel ein wildfremder Mensch vermutlich als Erstes über uns? Welches Bild über uns entsteht im Kopf des anderen? Was kommt dabei heraus, wenn wir beide Bilder vergleichend gegenüberstellen? Mit welchen Maßnahmen können wir den blinden Fleck (Quadrant B) schrumpfen lassen?

Um etwas über Ihr Selbstbild zu erfahren, können Sie folgende Übung durchführen:

Stellen Sie sich vor, Sie haben einen sprechenden Papagei, der Sie und Ihr Verhalten in- und auswendig kennt. Dem stellen Sie nun folgende Fragen, die der Papagei ganz offen und ehrlich beantwortet.

Am besten ist, Sie schnappen sich einen Stift und einen Block und schreiben auf, was Ihr Papagei Ihnen zu folgenden Fragen erzählt:

Frage	Beispielhafte Inhalte
Wie nimmst du meine körperliche Erscheinung wahr?	Gestalt, Figur, Größe, Gesicht Eher gesund oder krank wirkende Erscheinung Beweglich oder eventuell behindert Subjektive Attraktivität

Was kann ich deiner Meinung nach besonders gut?	Anlagen und Talente, z. B. handwerklicher, geistiger, praktischer, technischer, sprachlicher, kommunikativer, künstlerischer etc. Natur
Was weißt du über meine (Aus-) Bildung?	Bildung, Ausbildung, Arbeit und Beruf
Inwieweit kennst du meine Wünsche?	Bedürfnisse, Ziele und Träume (im Job, privat, kulturell, sozial etc.)
Welchen Charakter habe ich deiner Meinung nach?	z. B. ehrlich, zuverlässig, zielorientiert, motiviert, gerecht, tolerant etc., aber auch schlampig, egoistisch etc. Sozialbeziehungen, wie z. B. der Umgang mit Konflikten (diskussions- versus aggressionsbereit)
Welchen Lebensstil scheine ich zu pflegen?	Milieu, Bevölkerungsschicht, Szene Bürgerlich, proletarisch, alternativ, akademisch, aristokratisch, Single-, Wohngemeinschafts-, Ehe- oder Lebensabschnittsgefährten-Typ
Welchen Besitz vermutest du bei mir?	Geld und Besitztümer Reich bzw. gut situiert oder doch eher mittellos
Wie erhole ich mich deiner Meinung nach?	Freizeit, Entspannung, Spiel, Sport, Muße und Vergnügen

Nun haben Sie ein etwas besseres Verständnis darüber, wie Sie selbst sich eigentlich sehen.

Ein Ziel persönlicher Weiterentwicklung (oder auch der Entwicklung einer Gruppe) kann beispielsweise sein, den blinden Fleck zu „erhellen". Eine Möglichkeit, dieses Ziel zu erreichen, ist das *Feedback*, um das es im nächsten Abschnitt gehen soll. Diese Form der Gesprächsführung bietet die Chance, sich einmal buchstäblich mit anderen Augen zu sehen. Durch geeignetes Feedback-Geben können Unterschiede zwischen Selbst- und Fremdbild zutage gebracht werden. Im Kern werden Antworten gegeben auf die Frage: „Wie habe ich auf den oder die anderen gewirkt?" Die gegebenen Antworten wiederum dienen dazu, Fremd- und Selbstbild bewusst zu vergleichen. Und das mit dem Ziel, beide Bilder einander anzunähern.

Feedback

Die im Einfluss des Psychologen Kurt Lewin entstandene Gesprächsform des Feedbacks besteht aus zwei Komponenten: Einerseits können Sie einer anderen Person Feedback „geben" (oder „senden"), ihr sagen, wie Sie diese sehen; andererseits können Sie auch Empfänger von Feedback sein, es somit „nehmen" (oder „empfangen") und somit etwas darüber lernen, wie andere Sie einschätzen. Ehrliches Feedback hat grundsätzlich positive bzw. hilfreiche, aber auch negative bzw. störende Verhaltensweisen zum Inhalt.

Eine bessere Zusammenarbeit bzw. eine bessere Kommunikation entsteht (zumindest potenziell) dadurch, dass der Feedback-Nehmer über sein vom Feedback-Geber als störend empfundenes Verhalten reflektiert. Eine gegebenenfalls eintretende Korrektur dieses Verhaltens kann die Zusammenarbeit unter Umständen erheblich effektiver gestalten.

Insbesondere das Ende einer gemeinsam erlebten Handlung, ob eine Besprechung, ein Projekt oder eine Präsentation, sind ein geeigneter Zeitpunkt für das Geben oder Nehmen von Feedback. Folgende Ziele sollen damit vordergründig erreicht werden:

- Der Feedback-Geber informiert den Feedback-Nehmer darüber, wie er das kommunizierte und von ihm empfangene **positive wie negative**

Bild des Feedback-Nehmers erlebt und wahrgenommen hat. Und zwar im positiven wie im negativen Sinne.

- Der Feedback-Geber verdeutlicht dem Feedback-Nehmer im Nachgang seine **originären Bedürfnisse**. Somit weiß der Feedback-Nehmer, worauf er bei einem nächsten Mal gezielt achten sollte.

- Der Feedback-Geber zeigt dem Feedback-Nehmer Wege auf, mit welcher **Verhaltensänderung** er ihm gegenüber eine noch bessere Zusammenarbeit und eine noch reibungslosere Kommunikation erreichen könnte.

Der Prozess des Feedback-Gebens bzw. -Nehmens fällt übrigens weder dem Empfänger noch dem Sender besonders leicht. Es kann schon gewaltig verletzend wirken, die oftmals schonungslose Wahrheit darüber zu hören, dass eine Aktion (und damit das eigene Bild) beim Gegenüber weniger gut ankam, als einer es vielleicht selbst empfunden hat.

Oft reagieren Feedback-Empfänger mit einer gewissen Abwehrhaltung oder sind gar völlig eingeschnappt. Und dadurch wird das Problem unter Umständen sogar noch größer. Kritik am Selbstbild tut nun einmal verdammt weh. Da diese Situation schnell für beide Seiten in unangenehmer Weise eskalieren kann, ist es hilfreich, wenn beide Gesprächspartner sich beim Feedback-Prozess an folgende Grundregeln halten:

Regeln für das **Geben** von Feedback

- Die über allem thronende Frage lautet: „Wie sage ich einem Menschen, wie ich ihn oder eine bestimmte Aktion wahrnehme, ohne ihre oder seine Gefühlswelt unnötig und negativ aufzuwirbeln?"

- Feedback sollte immer möglichst zeitnah gegeben werden.

- Informieren Sie Ihren Gesprächspartner eingangs darüber, dass Sie ihr oder ihm Feedback geben wollen, und weisen Sie auf die Regeln und deren Einhaltung hin.

- Geben Sie Feedback positiv. Führen Sie sich stets vor Augen, wie ätzend es sich anfühlt, mit negativen Argumenten beballert zu werden. Führen Sie ruhig die positiven Aspekte auf, die Sie wahrgenommen haben. Das zeigt Ihrem Gesprächspartner, dass Sie mehr im Sinn haben, als nur herumzumosern. Und dann gehen Sie nach der *Sandwich-Methode* vor: Hierfür betten Sie einen negativen Punkt in Ihrem Feedbackgespräch am besten immer in zwei positive Beobachtungen ein. So verpassen Sie Ihrem Feedback eine gewisse positive Grundtonalität. Und dem Feedback-Nehmer wird es bedeutend leichter fallen, Ihr Feedback auch wirklich zu akzeptieren.

- Feedback sollte immer konstruktiv sein. Konstruktiv ist es immer dann, wenn Sie Ihrem Gesprächspartner aufzeigen, wie sie oder er durch eine Verhaltensänderung eine Besserung für die Zukunft erwirken kann.

- Feedback sollte immer beschreibend sein. Vermeiden Sie es, Dinge in Handlungen Ihres Gesprächspartners hineinzuinterpretieren und diese Handlungen irgendwie zu werten.

- Äußern Sie Ihr Feedback und die damit verbundene Kritik immer sachlich und bleiben Sie fair. Vermeiden Sie es, den anderen anzuklagen. Sonst wird Ihr Feedback eventuell als Beleidigung empfunden. Und beleidigt werden mögen Sie schließlich auch nicht.

- Formulieren Sie Ihr Feedback konkret. Verallgemeinerungen und pauschale Aussagen helfen dem Feedback-Nehmer nicht weiter. Er muss wissen, wie er das Problem beseitigen kann.

- Geben Sie Ihr Feedback als subjektive Wahrnehmung. Formulieren Sie ruhig im Sinne von: „Ich habe deine Präsentation folgendermaßen empfunden …" Damit weiß der Betroffene, dass Ihr Feedback eben nur Ihre Meinung darstellt und andere die Handlung durchaus anders wahrgenommen haben können.

Regeln für das **Empfangen** von Feedback

Einerseits sind Sie als Empfänger von Feedback hilflos den Vorwürfen des Feedback-Gebers ausgesetzt. Andererseits sollten Sie das Erhalten von Feedback als Chance sehen, mehr darüber zu erfahren, wie Sie auf andere wirken. Das wichtigste Prinzip hierbei ist, ruhig zu bleiben und die Passivität zu wahren.

- Ausreden lassen! Fallen Sie dem Feedback-Geber nicht ins Wort. Versuchen Sie nicht, sich zu verteidigen, und hüten Sie sich vor Vermutungen – Sie wissen erst, was der andere sagen will, wenn die Worte gesprochen sind.

- Akzeptieren Sie die Meinung des anderen auch als solche! Machen Sie sich klar, dass der Feedback-Geber keinen allgemeingültigen Zustand beschreibt. Er vermittelt lediglich seine eigene, ganz subjektive Wahrnehmung Ihrer Person oder Handlung. Nehmen Sie diese Tatsache hin, dass Sie auf diese Person in der beschriebenen Situation nun mal so gewirkt haben.

- Versuchen Sie, Ihren Feedback-Geber zu verstehen. Ganz wichtig ist es, wirklich zu verstehen, was der andere meint. Falls Ihnen am Ende des Gesprächs einige Argumente des Feedback-Gebers unklar geblieben sein sollten, vergewissern Sie sich ruhig, indem Sie Verständnisfragen anbringen. Achten Sie jedoch darauf, dass Ihre Fragen nicht als Rechtfertigungsversuch interpretiert werden.

- Bedanken Sie sich immer für Feedback! Selbst wenn Ihr Nervenkostüm nun ordentlich durcheinandergewirbelt ist und Sie eigentlich am liebsten einer cholerischen Entladung Ihrer Gefühle nachgeben möchten. Bleiben Sie ruhig, selbst dann, wenn das Gespräch suboptimal ablief. Nutzen Sie es, um dadurch Ihre Wirkung auf andere kennenzulernen. Ziehen Sie Ihren Nutzen daraus und feilen Sie an Ihrem Auftreten.

Bis hierher haben Sie unter Umständen bereits dank der Vorgehensweisen in den vorangegangenen Kapiteln mehr über sich selbst und etwas über ihr Selbst- und Fremdbild herausgefunden. Der nächste Abschnitt startet den Versuch, diese Erkenntnisse über sich und andere miteinander zu verschmelzen und dadurch eine Lösung für eine der schwierigsten Aufgaben im Management anzubieten: das Zusammenstellen hoch performanter Teams.

Bilden von Teams – so finden Sie die richtigen Mitstreiter

Um Sie mit den besonderen Herausforderungen des Managements von Teams vertraut zu machen, schlüpfen Sie nun in die Rolle eines erfolgreichen Filmregisseurs. Stellen Sie sich vor, Sie seien der Regisseur Martin Scorsese und Ihnen hat jemand ein Drehbuch für den Film „Der Job" angeboten, ein Thriller im italienischen Mafia-Milieu. Sie merken sofort: Das kann ein absoluter Knaller werden. Das Drehbuch enthält acht ausgeprägte Charaktere, die alle in einem ausgewogenen Verhältnis stehen.

Und bevor Sie die millionenschwere Industrie Hollywoods anwerfen, gilt es nun, ein *Casting* für diese acht Rollen durchzuführen:

» Maria Rato «

In Maria Rato schlummert ein stets gut **informierter Berater**. Sie versteht sich auf die Beschaffung von Informationen. Diese kann sie auf leicht verständliche Weise aufbereiten und anderen vermitteln. Ihre wesentlichsten Züge sind Geduld und Ausdauer. Entscheidungen überlässt sie lieber anderen. In der Zwischenzeit wird sie alles daransetzen, möglichst viel über den „Job" in Erfahrung gebracht zu haben. Ihr Umfeld neigt ein wenig dazu, dieses Verhalten ganze gerne als Entscheidungsschwäche zu missdeuten.

Doch sie liegen falsch. Maria geht einfach nur so vor, wie sie es für richtig hält. Lieber alle Zusammenhänge eines Themas durchdringen und dann erst Ratschläge erteilen. In der Organisation spielt sie eine wertvolle und wichtige Rolle, da sie die Familienmitglieder bei der Erledigung des Job mit Informationen unterstützt, wo es nur geht.

Mit Mario Orgo an ihrer Seite wird sie vor allem Sorge dafür tragen, dass der „Job" korrekt erledigt wird und dass dafür im Vorfeld alle notwendigen Informationen vorliegen.

»Mario Orgo«

Mario Orgos Wesen lässt sich am besten mit **zielstrebiger Organisator** umschreiben. Er ist einer der Menschen, die den „Job" zum Abschluss bringen werden, und steckt voller Tatendrang. Wenn er von den Zielen einer Idee überzeugt ist, wird er alle und alles aus dem Weg räumen und sich so die Rahmenbedingungen schaffen, die Idee in die Tat umzusetzen. Das macht ihn auch schon mal zu einem unangenehmen Zeitgenossen. Bei ihm weiß jeder sofort, wo es langgeht und was sie oder er zu tun hat. Er setzt klare Ziele und Prioritäten. Wer aus der Reihe tanzt oder einen Termin nicht einhält, bekommt es schnell mit ihm und seiner maßlosen Ungeduld zu tun.

In Maria Rato hat er die ideale Partnerin gefunden, die ihn mit Informationen versorgt und im Gegenzug gnadenlos auf seine Umsetzungsstärke baut.

»Julia Nova«

Julia Nova weiß um ihre Ausstrahlung. Als **kreativer Innovator** sprudelt sie vor Ideen, mit denen sie die „Familie" meist ungefragt versorgt. Da viele ihrer Ideen mit der Erfüllung des „Jobs" auf den ersten Blick zumindest wenig zu tun haben, wird sie von den übrigen Familienmitgliedern manchmal sogar verachtet. Zu dumm, denn am Ende ist die Familie immer auf sie angewiesen, wenn es darum geht, mit Ideen herumzuexperimentieren.

Julia Nova liebt die Abwechslung und die Unabhängigkeit. Auch deshalb überlegt die Familie, ihr ein eigenes kleines Reich zu schaffen, wo sie neue Ideen ausbrüten und ausprobieren kann, ohne dass die Erledigung der „Jobs" in Gefahr gebracht wird.

Ein Verhältnis hat die Diva mit Julio Vertuso, den sie bei Bedarf um den Finger wickelt, um ohne Rücksicht auf bestehende Prozesse, Systeme und Methoden ihre Visionen voran zu treiben.

» *Julio Vertuso* «

Als **systematischer Umsetzer** hat Julio Vertuso nur eines im Visier: den „Job"
nach den Prinzipien und Regeln der Familie über die Bühne zu bringen. Er ist
so etwas wie ein Serienkiller und erledigt nach selbst gesetzten Plänen und
Vorgaben das lukrative Geschäft der Familie gleich reihenweise. Dafür greift
er auf eine immer gleiche Methode zurück, nach der er stets vorgeht. Seine
bestehenden Fähigkeiten immer und immer wieder einzusetzen ist so etwas
wie sein Markenzeichen. Langeweile ist ihm dabei fremd. Er wird den „Job"
voller Tatendrang immer wieder tun.

Sein Verhältnis mit der feurigen Diva Julia Novo ist von Streit und Auseinandersetzungen geprägt. Immer wieder fliegen bei den beiden die Fetzen,
wenn Julia versucht, ihrem Julio teilweise völlig neue Wege aufzuzeigen, wie
er sein System zur Erledigung des „Jobs" weiter verfeinern kann.

» *Paola Columbo* «

Paola Columbo ist **entdeckender Promoter** der Familie. Sie war es, die der
Idee, den „Job" in die Tat umzusetzen, zum Durchbruch verholfen hat. Aus
der Umsetzung hat sie sich jedoch zurückgezogen. Sich die Finger schmutzig
zu machen sei die Stärke anderer. Sie versteht es wiederum wie kaum eine
Zweite, andere Leute für eine Idee zu begeistern. Ständig hat sie ihr Ohr an
der Schiene und versucht herauszufinden, was in der eigenen und in anderen
Familien angeschoben wird.

Sie kennt viele Wege, wie der „Job" zu erledigen ist, und zieht Vergleiche.
Dabei werfen ihr manche Oberflächlichkeit vor, da Nachfragen nach Details
oftmals vergeblich ist. Sie ist perfekt vernetzt und schließt nahezu täglich neue
Kontakte. Daher klingelt ihr Mobiltelefon auch ständig. Aus ihren Kontakten
quetscht sie auf charmante Weise Informationen heraus, die dann genutzt
werden, um neue Wege der „Familie" voranzutreiben.

» *Paolo Vinco* «

Der finstere Paolo Vinco arbeitet als **kontrollierender Überwacher** gerne
an detaillierten Aufgaben. „Jobs" werden sorgfältig und genau nach Plan

durchgeführt. Zahlen, Daten und Fakten sind seine Welt. Er liebt sie geradezu. Deshalb setzt ihn die Familie auch nur allzu gerne bei der Vorbereitung und Ausformulierung der Absprachen mit anderen Familien und in der Überwachung aller Zahlungsvorgänge ein. Voll konzentriert richtet er sein Augenmerk auf seine spezifische Aufgabe.

Diese Konzentrationsfähigkeit steht im krassen Gegensatz zu seiner Frau Paola Columbo, die ständig zwischen mehreren verschiedenen „Jobs" hin- und herspringt.

» Claudia de Lopa «

Als Vertreterin eines alten italienischen Adelsgeschlechts kann Claudia de Lopa es sich durchaus erlauben, ein **auswählender Entwickler** zu sein. Sie ist diejenige, die durchaus planerisch nach Mitteln und Wegen sucht, wie der „Job" in die Tat umgesetzt werden kann. Sie ist auch diejenige, die den Einsatz dieser Mittel und Wege beurteilt. Die Familie schätzt ihren Hang zur Praxis außerordentlich. Schließlich ist sie es, die sich darum kümmert, in welchen Betätigungsfeldern noch Geld zu holen ist. Dank ihr gelangt so manche Innovation überhaupt in den Genuss, am Markt vorgestellt zu werden. Sobald Routine ins Spiel kommt, steigt Claudia aus – und wendet sich neuen „Jobs" zu.

Auch bei der Wahl ihres Partners war sie wählerisch und hat sich den ausdauernden Claudio Tabilo geangelt.

» Claudio Tabilo «

Als **unterstützender Stabilisator** sorgt Claudio Tabilo dafür, dass es eine robuste Basisfunktionalität für die Erledigung der „Jobs" der Familie gibt. Stolz und Überzeugung sind sein Antrieb. Überzeugt von den Zielen bei der Erledigung des „Jobs", ist er so etwas wie die Kraftquelle der Familie. Dabei ist er sich für nichts zu schade, leistet Unterstützungsarbeit und hilft anderen Mitgliedern der Familie aus der Patsche. Gerne legt er – mitunter sehr kräftig und ausdauernd – Hand an, wenn es um die Erledigung der Arbeit geht. Genauso gerne kümmert er sich darum, die lockeren Bande innerhalb der Familie zu festigen.

Sofern die Familie so etwas wie ein Gewissen hat, verkörpert er dieses. Seine Vorstellung, wie der Boss mit den Familienmitgliedern umspringen sollte, ist recht klar. Er kann ein recht unangenehmer Zeitgenosse werden, wenn von diesen Vorstellungen abgewichen wird. Dann geht er auf Konfrontationskurs und wird um seine Werte und Einstellungen kämpfen.

Und, sehen Sie diese Charaktere vor sich? Ein jeder kennt – hoffentlich weniger finstere – Vertreter dieser acht Kategorien, auf die diese Steckbriefe passen. Die „Familie" steht hierbei natürlich für das Unternehmen, der „Job" für die Aufgabe, die erledigt werden bzw. das Projekt, das umgesetzt werden muss. Wenn wir diese Typen und ihre Beziehungen nun auf eine „Filmrolle" übertragen, ergibt sich folgendes Bild:

Team-Casting

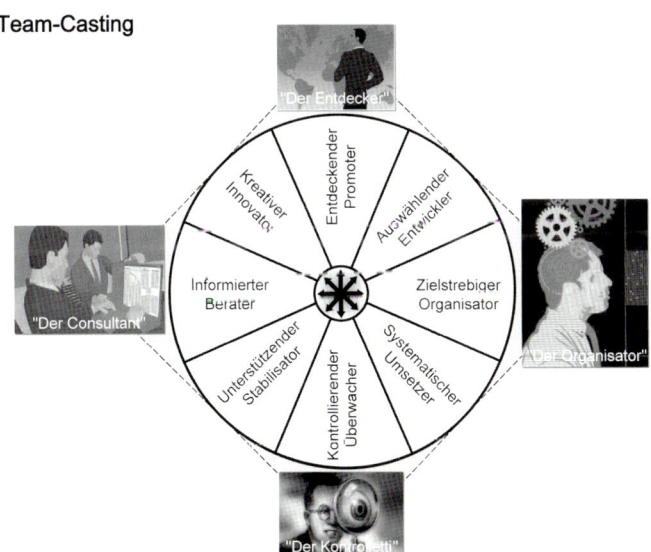

In Anlehnung an: "Das TeamManagement Rad" (Margerison-McCann, 1995)

- Diese acht Charaktere sind vier Dachpräferenzen hinsichtlich ihrer Arbeitsweise zugeordnet. Für eine davon hat jeder Mensch üblicherweise
  eine stärkere Neigung. Der eine bevorzugt es eben, beratend tätig zu
  sein, der Nächste erforscht und entdeckt gerne, wieder andere haben
  organisatorische Fähigkeiten oder bevorzugen die Kontrolle und widmen
  sich gerne Details.

- Es ergeben sich acht Tätigkeiten, die für das Team erbracht werden:

  Beraten: Informationen beschaffen und weitergeben
  Innovieren: Neue Ideen erzeugen und experimentieren
  Promoten: Neue Ansätze schaffen und andere überzeugen
  Entwickeln: Neue Ansätze beurteilen und prüfen
  Organisieren: Wege finden, um Aufgaben zu erledigen
  Umsetzen: Kontinuierlich Leistung erbringen
  Überwachen: Qualität sichern und Probleme beheben
  Stabilisieren: Die angestrebte Qualität aufrechterhalten

- Die Pfeile in der Mitte weisen darauf hin, dass die Bevorzugung einer
  ganz bestimmten Arbeitsweise meist damit einhergeht, dass einem die
  jeweils gegenüberliegende besonders fremd ist. Daher ist Partnerschaft in
  Teams mit Menschen, die diese fehlende Arbeitspräferenz aufweisen, oft
  genauso wichtig wie eben leider oft auch besonders nervenaufreibend.

- Daneben stehen die Pfeile in der Mitte noch für die Notwendigkeit für
  eine Person, die diese gegensätzlichen und auseinanderstrebenden Typen
  integriert, koordiniert und zusammenhält (*Linking*). In gut funktionierenden
  Teams übernimmt jeder Mitverantwortung für das „Linking".

- Menschen mit besonders kreativer Begabung setzen verstärkt ihre rechte
  (weibliche Charaktere) Gehirnhälfte ein. In den meisten Fällen dürfte die
  bevorzugte Arbeitsweise daher „informiertes Beraten", „kreatives Innovieren", „entdeckendes Promoten" oder „auswählendes Entwickeln" sein.

- Teams, die sich nur aus Umsetzer-Typen (männliche Charaktere) zusam-
  mensetzen, sind zwar äußerst umsetzungsstark, haben jedoch keine
  Ideen.

- Teams, die sich ausschließlich aus Kreativen (weibliche Charaktere) bilden, haben zwar ganz furchtbar viele Ideen, sie bekommen die Ideen jedoch nicht umgesetzt.

- Somit besteht ein perfektes Team theoretisch aus diesen acht Charakteren und einem sogenannten *Linker*, der als Führungskraft oder Projektleiter die einzelnen Teamrollen koordiniert.

Das von Ihnen oben durchgeführte Casting basiert hauptsächlich auf dem Team Management System (TMS®) nach Margerison-McCann. Die Filmrolle stellt eine Adaption des sogenannten Team-Rads® dar.

Auch Sie können Ihr Team-Management-Profil erstellen lassen. Dieses wird anhand eines 60 Fragen umfassenden Fragebogens ermittelt, der erneut auf Erkenntnisse des bedeutenden Psychologen und Begründers der analytischen Psychologie, Carl Gustav Jung, zurückgreift. Das Resultat bringt Klarheit über ihre bevorzugte Art, …

- … mit anderen Menschen zu kommunizieren,
- … Informationen zu sammeln und zu nutzen,
- … Entscheidungen zu treffen,
- … sich selbst und andere zu organisieren …

… und stellt eine gute Ausgangsposition dar, um sich im nächsten Abschnitt Gedanken über die Zusammenarbeit eines besonders kreativen und eventuell leicht chaotischen Menschen mit anderen zu machen.

Den Fragebogen gibt es übrigens hier: www.tmsdi.co.uk (Auswahl: Online questionnaires)

Zusammenarbeit mit Kreativen

Wie in den vorigen Abschnitten erwähnt, setzen Menschen mit besonderer kreativer Begabung bevorzugt die Fertigkeiten ihrer rechten Gehirnhälfte ein. Wer jemanden wie Sie, ein vermutlich ausgesprochen kreatives Mitglied, im Team hat, wird voraussichtlich damit im Regelfall auf eine der vier Arbeitsweisen

„informiertes Beraten", „kreatives Innovieren", „entdeckendes Promoten" oder „auswählendes Entwickeln" stoßen.

Wo Licht ist, ist bekanntlich auch Schatten.

Ein Team ohne kreative Querdenker wäre zwar theoretisch äußerst umsetzungsstark, hätte allerdings nie eine Idee, die es umzusetzen gäbe. Wie so oft ergeben sich aus den Stärken (dem Licht) auch hier die zumindest vom Team so empfundenen Schwächen (der Schatten):

Licht und Schatten Kreativer im Team

Licht	Schatten
Informierend	Tratschtante
Geduldig / ausdauernd	Entscheidungsschwach
Zusammenhänge erkennend	Umsetzungsschwach
Ausstrahlung / Charisma	Hang zu Diva-Gehabe
Ideenreich und experimentierfreudig	Organisations- / planungsschwach
Promoter / Vermarkter / Networker	Ziel- / Orientierungslos
Trend-Scout	Oberflächlich
Liebt Abwechslung	Routine-Hasser

© Joachim Böttcher

Ein Team besteht üblicherweise aus mehreren Personen und hat die Aufgabe, eine bestimmte Aufgabe zu lösen beziehungsweise bestimmte Ziele zu erreichen. Um das zu bewerkstelligen, bringt jedes Mitglied zum Beispiel seine individuellen kreativen Arbeitspräferenzen und Fähigkeiten ein. Umgekehrt sind alle Mitglieder eines Teams wiederum von den eingebrachten Arbeitspräferenzen und Fähigkeiten aller Teammitglieder abhängig. Wie bereits erwähnt, sind in einem perfekten Team die im letzten Abschnitt behandelten acht Rollen und der sogenannte *Linker* vertreten, der die einzelnen Teamrollen koordiniert. In dem, was Menschen mit besonderer kreativer Begabung potenziell als Schattenseiten an ein Team mitliefern (divenähnliches Verhalten, Entscheidungs-, Umsetzungs-, Organisations- und Planungsschwäche etc.) liegt enormes Potenzial für Konflikte.

Machen Sie sich in diesem Zusammenhang besonders die verschiedenen Phasen bewusst, die ein Team nach Tuckman von seiner Entwicklung bis zur eventuellen Auflösung durchläuft. Jede einzelne Phase hat ihre Besonderheiten. Und für jede einzelne Phase gibt es jeweils mindestens eine kleine Übung, mit der Sie in der Rolle des *Linkers* das Team unterstützen können.

Forming

Unsicherheit bis hin zur Angst, was wohl auf den Einzelnen zukommt, herrschen vor. In der Phase des *Forming*, der Formierung, beginnen die Mitglieder des zukünftigen Teams, sich gegenseitig erst einmal zu beschnuppern. „Man" lernt sich kennen, ist oftmals betont höflich und achtet auf die eigene Sicherheit. In dieser Phase ist es besonders wichtig, dass die Führungskraft ihrem Namen auch gerecht wird und das entstehende Team über konkrete Aus- und Ansagen auch wirklich führt.

Hier einige Übungen und Spiele zur Unterstützung der Phase
„Forming":

Sortieren
Die Spielleitung gibt ein Kriterium in die Gruppe, nach der diese sich sortieren soll (z. B. Familienstatus, Augenfarbe, Hobbys).

Ich weiß etwas über …
Unter der Voraussetzung, dass sich die Gruppenmitglieder bereits zumindest ein kleines bisschen kennen und dass nur positive Anmerkungen zu den Gruppenmitgliedern gemacht werden dürfen, steht eine Person aus der Gruppe auf. Die Sitzenden sammeln, was sie über diese Person wissen. Nach einer vorher vereinbarten Zeit setzt sich die Person wieder und das nächste Gruppenmitglied ist an der Reihe.

Storming

Die Beziehungen sind noch nicht stabil. Egoistisches Denken herrscht noch vor. Mit Konkurrenten „kämpft" man um seine Rolle in der Gruppe. Die Phase des *Storming* ist durch unterschwellige Konflikte bestimmt. Die neuen Teammitglieder versuchen, ihr Revier abzustecken, und es kommt allein oder in Cliquen zu Rangeleien um die informelle Führung der Gruppe. Selbstdarstellung und „Ich"-Orientierung stehen im Vordergrund. In dieser Phase ist es wichtig, dass die Führungskraft klare Ziele aufzeigt.

Hier eine Übung zur Unterstützung eines Teams in der Phase *„Storming"*:

Stab des Merlin
Alle z. B. acht Teammitglieder stehen nebeneinander in einer Reihe und winkeln einen Arm rechtwinklig an (ein wenig so, als würden Sie jemandem die Hand schütteln wollen). Die Hand bildet eine Faust mit abgespreizten Daumen und Zeigefinger (Pistole). Auf die Zeigefinger legt der Spielleiter einen ca. zwei Meter langen Stab. Die Teammitglieder haben nun die Aufgabe, diesen Stab ohne miteinander zu sprechen ganz langsam auf den Boden zu legen. Während der gesamten Spielzeit müssen alle Teammitglieder den Stab permanent berühren.

(Anmerkung: In 99 Prozent aller Fälle steigt der Stab des Merlin zur Verblüffung aller zunächst einmal gen Himmel).

Norming

Nach und nach identifizieren sich die Gruppenmitglieder mit ihrer Rolle und den Zielen der Gruppe. Sicherheit und ein gutes Gruppengefühl herrschen vor. Beim *Norming* geht es darum festzulegen, wie die Gruppe miteinander umzugehen gedenkt und z. B. wie miteinander kommuniziert wird. Die Gruppe spricht nun von sich selbst als dem „Wir". Die Führungskraft hat hierbei die Aufgabe der Koordination.

Folgende Übung unterstützt die Phase des *„Norming"*:

Blind malen
Hierfür benötigen Sie ein Tuch, einige Meter Paketschnur, einen Stift und ein großes Papier. Mit dem Tuch werden einer freiwilligen Person aus der Gruppe die Augen verbunden. Die restlichen Gruppenmitglieder binden je einen Faden am Gelenk der bevorzugten Schreibhand der blinden Person fest. Die blinde Person erhält einen Stift in die Hand. Die Gruppe erhält nun die Aufgabe, schweigend über koordiniertes Ziehen an den Schnüren ein vorher festgelegtes Bild oder eine geometrische Figur zu malen.

Performing

Während des *Performing* wird die eigentliche Arbeitsleistung erbracht. Offenheit, Vertrauen und gegenseitige Unterstützung bestimmen das zumeist zielgerichtete Handeln in dieser Phase. Das Team steuert sich größtenteils selbst. Die Führungskraft hält im Wesentlichen die Vision aufrecht und erinnert das Team an seine Ziele.

Bei folgender Übung muss das Team schon tief in der *„Performing"*-Phase sein, um die Aufgabe zu meistern:

Luftballons
Die Gruppe wird im Idealfall in Dreiergruppen aufgeteilt. Je Gruppe benötigen Sie etwa acht bis zehn Luftballons, die zunächst von jeder der Gruppen aufzublasen sind. Anschließend erhalten die Gruppen die Aufgaben, dass je eine Person aus der Dreiergruppe eine halbe Minute lang auf einem Bett aus Luftballons liegen muss, ohne dabei den Boden zu berühren.

Nun haben Sie die verschiedenen Phasen beleuchtet, die jedes Team auf dem Weg zu hoher Performance üblicherweise durchläuft – manches Team schneller, manches eben langsamer. Im nächsten Abschnitt wenden Sie sich der stärksten Schnittstelle Ihres Selbst zu Ihrer Umwelt zu, der Kommunikation.

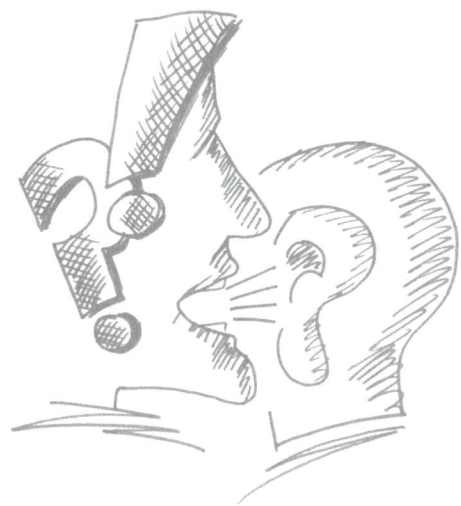

KAPITEL 5

Die Kunst der Kommunikation

Mit der Kommunikation ist das so eine Sache. Oft gelingt sie. In den meisten Fällen sogar ganz unbewusst. Doch wenn etwas schiefgeht, dann geht es meist richtig schief – und die wenigsten wissen: Was ist da eigentlich schiefgegangen? Wie habe ich mich da nun schon wieder hereinmanövriert? Warum ist das passiert? Und vor allem – wie komme ich aus dem kommunikativen Schlamassel wieder heraus?

Kommunikation als Kunst? „Kunst" kommt hartnäckigen Gerüchten zufolge von „Können". Dieses lässt Sie bereits richtig vermuten, dass Sie – wie vieles in Ihrem Leben – auch diese Fertigkeit erlernen und durch Üben verfeinern können. Doch wie schaffen Sie es, kreative Querdenker dazu zu bringen, sich mit den wesentlichen Aspekten der „Kunstform Kommunikation" überhaupt auseinanderzusetzen? Stellen Sie sich einmal folgende Situation vor:

Da betreibt jemand als Licht-Gestalterin eine kleine auf Show-Licht und Event-Beleuchtung spezialisierte Firma in Berlin. Neben der Fähigkeit, in Schwindel erregender Höhe – meist ungesichert – auf irgendwelchen gerade einmal 50

Zentimeter breiten Aluminium-Trassen herumzuwandern, ist diese Person auch noch enorm kreativ. Beim Thema Licht-Design macht ihr jedenfalls so schnell wirklich keiner etwas vor. Sie sprudelt vor Ideen. – Dennoch beklagt sich diese Person darüber, dass sie in Gesprächen oft das Gefühl habe, diese könnten besser verlaufen. Irgendetwas stimme da manchmal nicht. Nur was? Dabei überhäufe sie ihre Kunden in Gesprächen geradezu mit guten Vorschlägen. Vor Kurzem sei es dann passiert. Bei einem großen Event sei sie mit einem Event-Manager ihres Kunden aneinandergerasselt. Ihr Auftraggeber war eine Event-Agentur. Der Kunde dieser Agentur war ein Herr im feinen Zwirn, der erst an ihrem Farbkonzept herumgemäkelt habe und sich zu guter Letzt auch noch abfällig über ihre Ohrringe, Nasen- und Lippen-Piercings geäußert habe.

Eine Rückfrage würde nun ergeben, dass der Kunde der Event-Agentur eine international tätige Unternehmensberatung gewesen ist. Der Koordinator der Event-Agentur hat die Licht-Designerin bereits im Vorfeld darauf aufmerksam gemacht, sich gut vorzubereiten und bei Gesprächen rasch zum Punkt zu kommen. („Fasse dich kurz. Glaube mir, die sind so bei dieser Firma!") Außerdem hat der Ansprechpartner bei der Event-Agentur im Vorfeld darauf hingewiesen, wie wichtig seinem Kunden das äußere Erscheinungsbild am Abend der Veranstaltung sei. Dazu nur so viel: Es ist eine Gala gewesen, bei der Herren üblicherweise im Smoking und die Damen im Abendkleid zu erscheinen haben.

Schließlich sucht die Licht-Designerin Rat, setzt sich mit einem Berater zusammen und überlegt gemeinsam mit ihm, wie sie sich grundsätzlich auf ihre wichtigen Gespräche optimal vorbereiten könnte. Zu guter Letzt beschließen beide, dass es recht nützlich wäre, sich im Geiste einen kleinen Beraterstab einzurichten. Wie bei kreativen Menschen üblich ist es natürlich nicht bloß irgendein Beraterstab. Sie werden sehr schnell erkennen, was da als Vorlage gedient hat.

Der Weltraum – unendliche Weiten. Das Raumschiff Enterprise ist mit seiner Besatzung unterwegs, um neue Welten zu erforschen. Viele Lichtjahre von der Erde entfernt ist das Raumschiff Enterprise in eine Galaxie vorgedrungen, die nie zuvor ein Mensch gesehen hat. Diesmal ist es die Galaxie der Eierköpfe.

Hier kommen sie nun angeschwebt, Ihre vier neuen Kommunikationsberater, in ihrem vierbeinigen UFO. Obwohl sie bis an die Zähne bewaffnet sind, kommen sie in friedlicher Absicht.

Jedes der Aliens hat einen ganz bestimmten Auftrag. Jedes ist für sich genommen gleich wichtig. Ein jedes muss Ihnen eine ganz bestimmte Frage stellen. Und in Zukunft lassen Ihre Berater Sie erst dann in das entsprechende Gespräch gehen, wenn Sie diese ganz spezifische Fragestellung mit allen ihren Unterpunkten zur Zufriedenheit Ihres außerirdischen Helfers beantwortet haben.

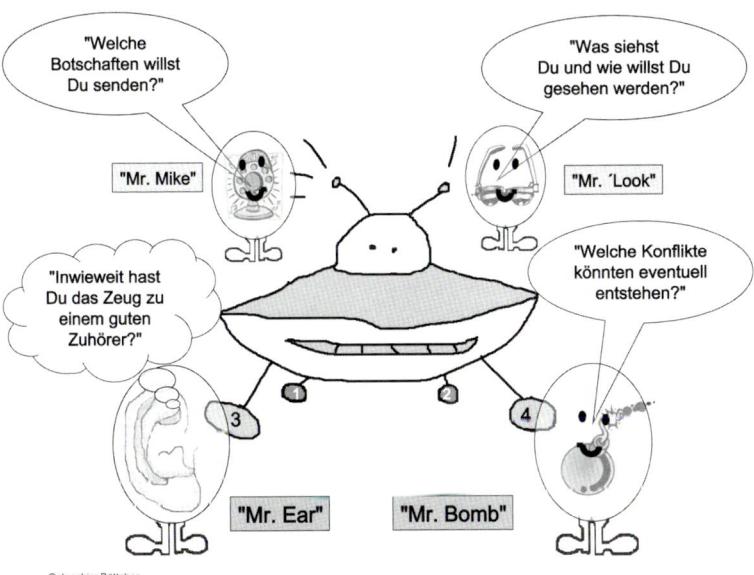

© Joachim Böttcher

Die kleinen außerirdischen Eierköpfe heißen:

- **Mr. Mike,**
- **Mr. Look,**
- **Mr. Ear und**
- **Mr. Bomb.**

Ihre Namen klingen verheißungsvoll und sind bereits Teil des Programms. Die Namen sorgen dafür, dass nun auch Sie sich diese vier ganz wesentlichen Aspekte der Kommunikation künftig werden merken können. Wie schon erwähnt, die außerirdischen Wesen sind bis an die Zähne bewaffnet. Und diese Waffen können Sie fortan im täglichen Ringen um die passende und der Situation angemessene Kommunikation einsetzen.

Die Licht-Designerin fand die Idee übrigens so toll und bildhaft (ihre Worte waren: „dezent und doch aussagekräftig"), dass sie sich ein UFO-Modell aus Pappmaché angefertigt hat. Schrillbunt – genau wie sie selbst. Davor steht die vierköpfige Besatzung. Ausgeblasene und als Mr. Mike, Mr. Look, Mr. Ear und Mr. Bomb bemalte Eier in füßchenförmigen Eierbechern. (Bei einer Lichtgestalterin versteht sich wohl von selbst, dass sowohl UFO als auch Besatzung innen beleuchtet sind, oder?) Sie sagt, das erinnere sie seitdem stets daran, worauf es bei der „Kunst der Kommunikation" wirklich ankomme.

Doch worauf kommt es nun an?
Lassen wir das die UFO-Besatzung am besten selbst erklären:

Mr. Mike

„Das Wort ist schärfer als die schärfste Waffe", sagt Ihnen Mr. Mike. (*Mike ist in Musikerkreisen die Abkürzung für ein Mikrofon.*) *„Doch bei meiner Waffe handelt es sich um mehr als ein schnödes Mikrophon. Ich habe dir das ‚*Compressofon*' mitgebracht. Dieser eigentümliche Apparat ist eine Kombination aus Kompressor, also Verdichter, und aus einem Mikrofon. Das Gerät hilft dir dabei, in Zukunft aus deinen Aussagen scharfe Waffen zu schleifen.*

Doch bevor du deine Botschaften so verdichtest, dass sie genau das transportieren, was du auch zu senden beabsichtigst, mache ich dich darauf aufmerksam, dass jedes von dir gesprochene und damit gesendete Wort in Wahrheit vier Projektile verschießt: Informationen zur Sache, zur Beziehung zwischen Sender und Empfänger, über dich selbst und darüber, was deiner Meinung nach nun eigentlich zu tun ist.

Wenn du mit dieser Erkenntnis nun über deine Botschaft noch mal nachgedacht hast, werfen wir nun noch das integrierte Mikrofon an. Doch bevor du hineinsprichst, werde ich, Mr. Mike, dir ab jetzt immer noch ein paar Fragen stellen, da es noch weitere Parameter in deinem Sinne zu beeinflussen gilt."

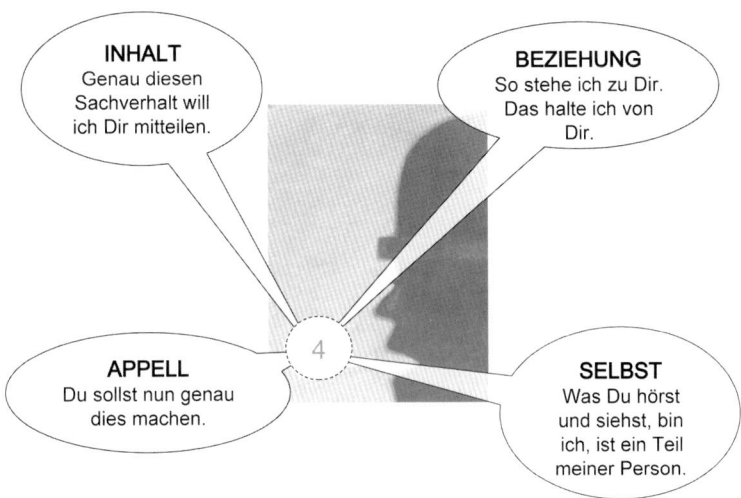

INHALT
Genau diesen Sachverhalt will ich Dir mitteilen.

BEZIEHUNG
So stehe ich zu Dir. Das halte ich von Dir.

APPELL
Du sollst nun genau dies machen.

4

SELBST
Was Du hörst und siehst, bin ich, ist ein Teil meiner Person.

Vier-Seiten-Modell in Friedemann Schulz von Thun: "Miteinander reden"

Mr. Mike:	*„Sag mal, wie verschaffen wir denn deiner Aussage nun am besten Gehör?"*
Sie:	*„Hm, mal überlegen. Was schlägst du vor?"*
Mr. Mike:	*„Mache dir stets klar, dass deine Gedanken niemand kennt außer Dir. Du musst zunächst einmal aussprechen, was du meinst, um letztlich zu bekommen, was du willst.*

- *Formuliere kraftvoll, logisch, deutlich und positiv.*
- *Sei auf der Hut vor Verallgemeinerungen! Benutze lieber Ich-Botschaften – es sind schließlich deine Gedanken.*

Dabei solltest du dir deiner Ziele und Gefühle bewusst sein und dir vor Augen führen, dass deine Zuhörer unter Umständen ganz andere Ziele verfolgen.

Da wäre noch was. Wie bringen wir in Erfahrung, ob das Gehörte auch in deinem Sinne verstanden wurde?"

Sie:	*„Da bin ich mir unsicher. Inwieweit hast du denn einen Vorschlag?"*
Mr. Mike:	*„Du könntest während des Gesprächs darauf achten, ob deine Gesprächspartner nicken und eine offene Körperhaltung zeigen. Oder sitzen sie mit verschränkten Armen da und schütteln*

	aufgrund deiner Aussage bloß mit dem Kopf?
	Und zuletzt: Welchen Einfluss hast du darauf, dass deine Zuhörer deinem Gedanken zustimmen, diesen verinnerlichen und künftig entsprechend handeln?"
Sie:	*„Eine schwierige Frage. Wie lautet dein Vorschlag?"*
Mr. Mike:	*„Deine Erfolgschancen sind am besten, wenn du versuchst, während des Gesprächs die Rolle als gleichwertiger Gesprächspartner einzunehmen. Respektiere dein Gegenüber und dessen eigene Meinung. Nimm ihn ernst!*

Wenn du während des Gesprächs eine Lösung anstrebst, die beiden Seiten Vorteile bringt, bist du auf dem besten Weg. Denke ‚win-win'!

Und jetzt will ich dir ein weiteres Besatzungsmitglied vorstellen. Das hier ist Mr. Look."

Mr. Look

„Tja, mit wem hast du es in der Kommunikation zu tun? Meine Waffe ist alles andere als eine gewöhnliche Brille. Es ist ein Typen-Scanner. Er gibt dir über den jeweiligen Kommunikations-Typ Aufschluss und bringt automatisch erste Anhaltspunkte für einen gekonnten Umgang mit dem jeweiligen Typ auf deinen Schirm. Üblicherweise wirst du in deinen täglichen Kommunikationsbemühungen auf vier Typen stoßen. Alle vier bevorzugen ein höchst unterschiedliches Kommunikationsverhalten. Welche Typen sind das? Und wie verhalten sich diese Typen?

Bei euch auf der Erde gab es mal eine Fernsehserie namens ‚Raumschiff Enterprise'. Hierin kamen vier Hauptcharaktere vor, die sich ganz hervorragend eignen, um diesen vier Typen im Wortsinn ein Gesicht zu geben."

»Captain James T. Kirk«

Er ist der Selbstdarsteller unter den Charakteren der Serie. Er ist der Macher-Typ in Reinkultur und immer nur an der Umsetzung seiner Sache orientiert. Deshalb fackelt er nicht lange, ist direkt und energisch und handelt lieber, statt großartige Reden zu schwingen. Bedenken an seiner Sache, Einwände und Umschweife wertet er grundsätzlich sofort als Angriff auf seine Person. In seinen Augen wirken Sie dann als Bremsklotz, der seinen Elan zügeln will. Er wird nur noch schneller und intensiver zu handeln versuchen.

Interessanterweise schlummern in diesem Kommunikations-Typ drei verschiedene Rollen. Doch alle Rollen verfolgen nur den einen Zweck: das Umfeld beeindrucken und die eigenen Ziele durchsetzen. So fühlt er sich in der Rolle des das Kommando habenden *Captains* ebenso wohl wie als ausrastender *Choleriker,* der sein Umfeld eingeschüchtert und gerne mal verwundert zurücklässt. Ganz gerne wirft er als *Blender* auch mal mit kommunikativen Nebelgranaten um sich und stiftet auf diese Weise Verwirrung.

Auseinandersetzungen sucht James T. Kirk geradezu. Ist das Risiko einigermaßen überschaubar, kommt es zum offenen Schlagabtausch. Vermeide es, Selbstdarsteller wie ihn persönlich anzugreifen. Sonst ist er eingeschnappt und wird tief beleidigt versuchen, dich beim nächsten Aufeinandertreffen auseinanderzunehmen. Und Fakt ist: Dieser Kommunikations-Typ versteht sein Handwerk und setzt dieses ohne Kompromisse ein. Fairness? Fehlanzeige.

»Mr. Spock«

Mit Mr. Spock erhielten die Worte Emotionslosigkeit und Logik eine neue Bedeutung. Er ist der Zahlen-, Daten- und Fakten-Typ in Reinkultur. Dinge, mit denen er sich beschäftigt, werden um Emotionen und Fantastereien auf die Sache an sich reduziert und bis auf die Ebene des Atoms durchdrungen. Hierfür benötigt er eine Fülle an Informationen, die er allesamt analysiert. Er ist immun gegenüber Ratschlägen, die von seiner Sichtweise der Dinge abweichen. Dies geht bis zur völligen Borniertheit.

Auch in diesem Kommunikations-Typ finden sich drei verschiedene Rollen wieder, in die er breitwillig schlüpft. Bei Mr. Spock verfolgen diese Rollen folgenden Zweck: Das Kommunikationsumfeld soll verstehen, dass es mit einem absoluten Experten in der betreffenden Materie zu tun hat. Deshalb brilliert er in der Rolle des *Perfektionisten* ebenso wie in der Rolle des kontrollverliebten *Pedanten,* der auch ganz gerne mal die Entscheidung einer Gruppe bis ins Unerträgliche hinauszögert. In einer weiteren Rolle fühlt sich ein Mr. Spock ebenso wohl: in der des *Klugscheißers.*

Sein hohes Bedürfnis für Sicherheit lässt ihn Konflikten meist aus dem Weg gehen. Sollte es dennoch zu einer Auseinandersetzung kommen, bevorzugt er es, sich auf der Ebene der Sachlichkeit zu duellieren, da er emotionalen Regungen meist ohnehin kaum bis gar keine Aufmerksamkeit schenkt. Gib deinen Argumenten eine logisch nachvollziehbare Struktur und unterlasse allzu große Gedankensprünge. Das wertet er als Angriff und wird beginnen, sich mit hieb- und stichfesten Argumenten zu verteidigen. Und eines ist sicher: Dieser Kommunikations-Typ ist perfekt auf ein Gespräch mit dir vorbereitet. Da ihm Emotionen fremd sind, wird er es zwar nicht genießen, deine Wissenslücken und sonstigen Defizite aufzudecken. Und doch wird er es tun – notfalls sogar vor versammelter Mannschaft.

»Dr. McCoy«

Menschen des Kommunikations-Typs Dr. McCoy wirken meist reserviert bis ein wenig frostig und versprühen oft auch eine leichte Aura der Arroganz. Dieser unnahbare Typ hasst es, im Vordergrund zu stehen, und hält sich daher bevorzugt im Hintergrund auf. Hier schafft er sich sein eigenes Reich, in das er sich zurückzieht, sollte der Druck des Alltags zu groß werden. Kollegen dieses Typs können schnell zum Albtraum werden, da ihre Fähigkeit, sich in ein Team einzubringen, äußerst dürftig entwickelt ist.

Über diesen Kommunikations-Typ machen Sie sich besser länger Gedanken, da er ganz gerne in die Rolle des *Geheimniskrämers* schlüpft, der genussvoll Informationen zurückhält. Das Wissen über den schwierigen Umgang mit einem so unnahbaren *Einzelkämpfer* verleiht ihm zusätzliche Macht. In der Rolle des *angeschossenen Leitwolfs* wird dieser Kommunikations-Typ besonders unausstehlich, da viele dazu neigen, sein ausgesprochen aggressives Revierverhalten zu unterschätzen.

Konflikte mit diesem unnahbaren Typen sind meist vorprogrammiert. In der Auseinandersetzung fällt er entweder über Dich her, um Dich zu zerfleischen oder flüchtet in sein Revier. Daher solltest Du diesen Typen niemals unterschätzen. Sobald Du ihm zu nahe kommst, sprich in sein Revier eindringst, wird er bis zur Selbstaufgabe alles daran setzen, sein Reich zu verteidigen. Sei auf der Hut: Dieser Typ ist so unberechenbar wie unnahbar. Seine Reaktion hat viele Facetten und im offenen Schlagabtausch ist er zäh wie Leder. Stelle diesem Kommunikations-Typen frei, ob und wann er mit Dir kommunizieren will.

Vertraue darauf: Irgendwann wird auch er zutraulich und kommt auf Dich zu – und das aus freien Stücken.

»*Mr. Scott*«

Vertreter des Kommunikations-Typs Mr. Scott zeichnen sich durch ein großes Bedürfnis, ja die Sucht nach Harmonie aus. Er ist stets um ein kumpelhaftes Verhältnis mit Kollegen und oft auch mit Vorgesetzten bemüht. Dabei ist er stets kommunikativ und äußerst redselig, was ab und an auch im Plaudertaschen-Status gipfelt.

Auch dieser Kommunikations-Typ hat seine drei Rollen: Da sich Kollegen nur allzu gerne an seinen starken Schultern ausweinen, sieht er sich gerne als **Kummerkasten** seiner Umgebung. Beziehungen zu seinem Umfeld stellt er regelmäßig über den Sachinhalt einer Aufgabe. Dies lässt ihn mitunter in die Rolle des **Vertuschers** schlüpfen. Als **Märtyrer** wiederum wird er sich und seine Ziele bereitwillig für den Erhalt seiner guten Beziehungen zu Kollegen und für ein gutes Arbeitsklima opfern.

Konflikte mit diesem Kommunikations-Typ lassen sich nur äußerst schwer auf die sachliche Ebene heben. In der direkten Auseinandersetzung mit diesem Typ kommt es durchaus auch schon mal zu einer Eruption seiner Emotionen und damit zu schwierigen Kommunikationssituationen, auf die er wiederum bevorzugt emotional reagiert. Sachliche Argumente verträgt er nur in kleinen Häppchen. Daher ist der Einsatz der Salamitaktik ratsam: Setze ihm immer nur leichte Kost und wenige sachliche Argumente vor. So kommst du schneller zur Lösung. Denn kleine Häppchen lassen sich prima kauen und verdauen …

„Als einer deiner neuen Berater in Sachen Kommunikation und als dein außerirdischer Freund habe ich noch ein paar Tipps für dich", fährt Mr. Look fort. *„Der beste Startpunkt ist sicherlich, wenn Du zunächst darüber nachdenkst, welchem der oben beschriebenen Kommunikations-Typen du am ehesten entsprichst.*

- **Bist du ein Selbstdarsteller-Typ** wie Captain Kirk?
- **Ein Perfektionist** wie Mr. Spock?
- **Der Unnahbare** wie Dr. McCoy?
- Oder steckt in dir doch eher **der harmoniebedürftige Typ** wie Mr. Scott?

Dann denke über dein näheres Umfeld, deine Familie, deine Kunden und die lieben Kollegen nach. Du wirst sehen: Mit ein bisschen Übung funktioniert mein Typen-Scanner immer zuverlässiger.

Ach, da wäre noch etwas … Spezies der Gattung Mensch kommunizieren immer, auch wenn sie einmal nichts sagen. Wie das geht? Euer ganzer Körper spricht und sagt oft mehr und manchmal sogar das genaue Gegenteil des Gesagten. Ganz wichtig ist es, auf den nonverbalen, den nichtsprachlichen Ausdruck wie dein Aussehen, deine Stimme, deine Betonung, die Mimik deines Gesichts, die Gesten deines Körpers und auf Blickkontakt zu achten. Das Gleiche gilt es bei deinem Gesprächspartner zu beobachten. Ich zeige dir, was du besonders beachten musst.

Genau wie jeder Gesprächspartner von dir hast auch du nur eine einzige Chance, einen ersten Eindruck zu hinterlassen. Oder anders: Sowohl er als auch du, ihr habt jeweils einen Schuss im Revolver. Und der muss sitzen! So wird dein Gegenüber im Gespräch beispielsweise immer – wenn auch meistens unbewusst – deine gesamte äußere Erscheinung wahrnehmen und diese – und damit dich gleich mit – blitzschnell in eine Schublade stecken. Was für ein Typ spricht da mit mir? Wie alt ist die Person? Finde ich sie attraktiv oder abstoßend? Freund oder Feind? Angriff oder Flucht?

Es kommt zu einem schnellen, unter Umständen zu schnellen, Urteil über dich, zu einem Vorurteil. Viele dieser Faktoren entziehen sich deinem Einfluss. Einige Äußerlichkeiten wie deine Kleidung, deine Frisur oder andere Accessoires kannst du jedoch sehr wohl beeinflussen. Doch stopp! Anpassung um jeden Preis bringt dich auch hier keinen Schritt weiter. Du sollst dich schließlich wohl fühlen dabei. Manchmal hat die Wahl deiner Kleidung jedoch sogar Auswirkung darauf, ob du von einem Kreis als Gesprächspartner überhaupt eingelassen wirst. Sie wird dann zu so etwas wie deiner Eintrittskarte. Denke darüber nach, ob es eine Art Kleiderordnung in diesen Kreisen gibt. Oder könnten einzelne Bestandteile deines äußeren Erscheinungsbildes eine mögliche Barriere bilden?

Hast du überhaupt Einfluss darauf? Wenn dir dein Gespräch wirklich wichtig ist, solltest du das entsprechende Detail – wie z. B. deinen Totenkopfring – eventuell weglassen, oder?

‚Der Körper ist der Handschuh unserer Seele‘, hat ein weiser Mensch (Anmerkung des Autors: der Pantomime Samy Molcho) einmal gesagt. Mit deinem Körper sendest du in der gleichen Zeit ein Vielfaches an Signalen aus wie mit deinem gesprochenen Wort. Dein Zuhörer bildet sich sein Urteil zu weniger als zehn Prozent auf Basis der Inhalte deiner Worte. Fast 40 Prozent deines Gesprächserfolges hängen von deiner Stimme und ihrer Melodie und über 50 Prozent von deiner Körpersprache ab. Deshalb ist der Aspekt der non-verbalen Kommunikation so wichtig.

Am meisten lernst du über Körpersprache, wenn du beginnst, die anderer Menschen und deine eigene zu beobachten. Wie hältst du deinen Körper? Wirkst du locker oder verspannt? Wie gehst du? Wie fühlst du dich dabei? Stelle dich ruhig vor einen Spiegel und schaue in dein Gesicht. Wie wirken deine Gesichtszüge auf dich und auf andere? Blickst du freundlich oder schaust du arrogant von oben herab? Welche Gesten übt dein Körper beim Sprechen aus? Passen diese Körperbewegungen zu deinen Worten? Oder verkrallst du deine Hände ineinander und wirkst dadurch eventuell verkrampft? Wie wirkt deine Stimme? Ist sie klar und ruhig und drückt somit auch aus, dass deine Inhalte ‚stimmig‘ sind? Oder sprichst du zu leise und vielleicht auch noch zu schnell und wirkst dadurch ängstlich und unsicher? Signalisiert dein Körper, dass dein Gesprächspartner und du auf einer Ebene ‚von gleich zu gleich‘ sprechen? Oder dominierst du zu sehr oder verkriechst dich rückgratlos ins Schneckenhaus? Wie gut respektierst du Territorien deiner Gesprächspartner? Rückst du diesen unter Umständen zu sehr auf die Pelle?

Und zu guter Letzt: Mache dir bewusst, dass du mit ersten Grundkenntnissen der Körpersprache höchstens in etwa auf dem Sprachniveau eines Kleinkindes im Vorschulalter bist. Die Sprache des Körpers ist äußerst vielschichtiger und komplexer Natur. Wie bei deiner Muttersprache gibt es auch hier feine Sprach-nuancen, die z. B. von Kulturkreis zu Kulturkreis in ihrer Wahrnehmung bereits völlig unterschiedlich sein können.

So, jetzt kennst du mich und meine Waffe ganz gut, denke ich. Darf ich dir nun meinen Freund, Mr. Ear, vorstellen? Wundere dich nicht, er kann nicht sprechen. Und doch wirst du ihn aufgrund seiner telepatischen Fähigkeiten verstehen.“

Mr. Ear

Der dritte Ihrer neuen Berater in Sachen Kommunikation kommt auf Sie zu und rüstet Sie mit einem *Quattro-Amplifier-Ohr* aus. Dieses Ohr verstärkt einerseits auf vierfache Weise Ihre Wahrnehmung und besitzt andererseits auch noch feinste Flimmerhärchen, mit denen Sie künftig eine ganz neue Dimension des Zuhörens erreichen werden: die aktive.

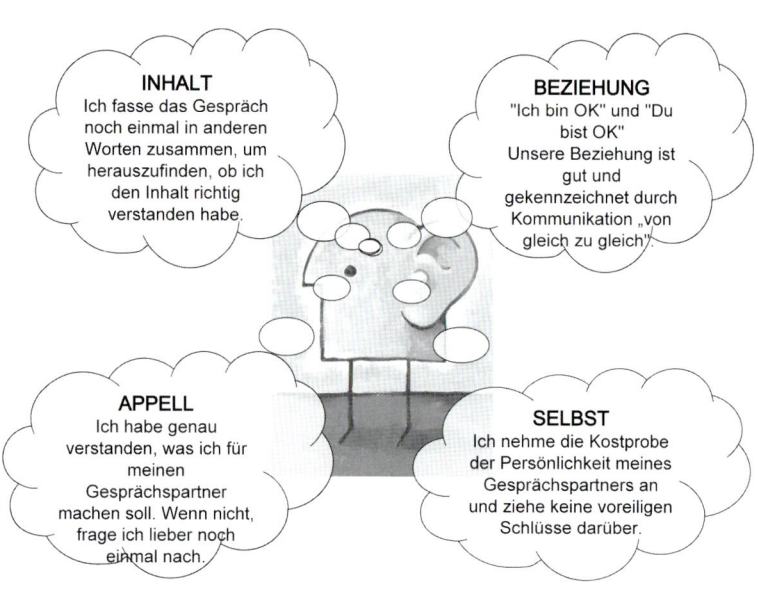

INHALT
Ich fasse das Gespräch noch einmal in anderen Worten zusammen, um herauszufinden, ob ich den Inhalt richtig verstanden habe.

BEZIEHUNG
"Ich bin OK" und "Du bist OK"
Unsere Beziehung ist gut und gekennzeichnet durch Kommunikation „von gleich zu gleich".

APPELL
Ich habe genau verstanden, was ich für meinen Gesprächspartner machen soll. Wenn nicht, frage ich lieber noch einmal nach.

SELBST
Ich nehme die Kostprobe der Persönlichkeit meines Gesprächspartners an und ziehe keine voreiligen Schlüsse darüber.

Vier-Seiten-Modell in Friedemann Schulz von Thun: "Miteinander reden"

Mr. Ear spricht niemals zu Ihnen. (Ist Ihnen eigentlich in der Grafik mit Ihrem Kommunikationsberater-Team aufgefallen, dass Mr. Ear gar keinen Mund hat? Sie können ruhig zurückblättern und nachschauen!) Er beherrscht die Kommunikationsform der Telepathie und zudem das wahrscheinlich am meisten vernachlässigte und doch wichtigste Kommunikationsmittel wie kein Zweiter: Er ist Meister des aktiven, sprich aufmerksamen Zuhörens.

Um Ihnen zu verdeutlichen, was das ist, legt er seine Hand auf Ihre Stirn. Dann dringen seine Gedanken in Sie ein, und so nimmt er mit Ihnen Kontakt auf. Er lädt Sie und Ihre Gedanken zu einem kurzen Ausflug ein:

„Hallo, ich bin Mr. Ear. Ich freue mich, dich kennenzulernen. Danke, dass du mit auf diesen kleinen Ausflug kommen willst.

Stelle dir vor, wir reisen zusammen in den Orient. Siehst du das Bild vor dir? Gerade eben sind wir dort mit unserem fliegenden Teppich gelandet. Am Rande eines farbenprächtigen Basars. Es herrscht reges Markttreiben. Überall bieten Händler lautstark ihre Ware feil.

An einem Stand beobachten wir nun eine Person. Sie ist etwa in deinem Alter. Sieh doch nur! Diese Person ist in etwa so gekleidet wie du. Und jetzt bleibt sie vor einem der Stände stehen und betrachtet die Ware. Hier verkauft einer der Händler Tiere. Sofort bietet er der Person einen seiner Raben an. Die Raben könnten sprechen, einige beherrschten sogar Fremdsprachen und könnten singen, meint er. Dann zeigt er auf das herrliche Gefieder, das im Schein der Sonne aussieht, als sei es aus flüssigem Silber.

Als Nächstes zeigt er auf ein kugelförmiges Glas. Darin schwimmt munter ein kleiner Fisch. Er könne zwar nichts Besonderes, doch seine Schuppen glänzten im Licht, so schön wie das reinste Gold der Erde, sagt der Händler und reibt sich vergnügt die Hände.

Und so entschließt sich die Person, mit dem Verkäufer über den Preis eines der Raben und eines der Fische zu verhandeln. Gerade als sie beginnen, sich einig zu werden, kommt eine alte Frau um die Ecke. Sie geht langsam und muss sich auf einen Stock stützen. Sie zieht einen Esel hinter sich her, der ein wenig entrückt dreinblickt und ihr doch folgt. Die Sonne hat tiefe Furchen in die Haut der Frau gegraben. Aus ihren Augen sprechen Weisheit und Erfahrungen eines schon sehr langen Lebens.

Plötzlich bleibt die Alte stehen, sieht die Person lange an, überlegt, ob sie sprechen soll, und spricht schließlich. Ihr Stimme klingt wie aus der Ferne: „Bist du dir sicher, dass du wirklich einen Raben brauchst, der sprechen und singen kann? Und was willst du mit dem schönen Fisch?" Der Händler und die Person sehen verdutzt auf. Sie sind sprachlos. Da spricht die Alte weiter: „Was hältst du von meinem braven Esel? Hat er nicht schöne große Ohren?" Wieder bleiben die beiden stumm.

„Sieh mal", fährt die Alte fort, *„das Reden des Raben ist so wertvoll wie sein silbernes Gefieder, das Schweigen des Fisches vergleichbar mit dem Gold seiner Schuppen. Wahrlich, beides sind edle und seltene Metalle und ihr Glanz ist verlockend. Das Fell meines Eselchens wirkt dagegen grau und wertlos. Und doch ist es aus Platin. Das mag weniger schön in der Sonne schimmern. Und doch ist der Wert meines Esels unermesslich."* Wieder schweigen beide.

„Oh, ich verstehe", sagt die Alte, *„ihr möchtet beide gerne wissen, was besonders an meinem Eselchen sein soll. Er ist ein ganz hervorragender Zuhörer: Wenn du zu ihm sprichst, wird er beginnen, sich in dich und deine Situation hineinzudenken. Er wird sich voll und ganz auf dich, deine Worte und deine Gefühle konzentrieren. Geduldig wird er dir immer in die Augen schauen und dich beim Sprechen nicht unterbrechen. Selbst wenn du eine Pause machst, wird er geduldig bleiben. Denn er weiß, dass du gerade überlegst oder du in diesem Moment vielleicht sogar ein wenig Angst verspürst.*

Wenn ihm etwas unklar erscheint, wird er nachfragen. Ist ihm etwas klar, wird er im Gespräch ab und an zustimmend mit dem Kopf nicken. Vertraue mir, er lässt es dich ganz sicher merken, wenn er mit dir einer Meinung ist.

Wenn er glaubt, deine Botschaft verstanden zu haben, wird er deine Worte eventuell noch einmal positiv umformulieren und sie dir zurücksenden. Damit versucht er dir zu beweisen, dass er dich wirklich verstanden hat. Falls er dich doch missverstanden hat, kannst du es ihm noch einmal erklären.

Doch vor einer Sache will ich dich noch warnen. Denn eines darfst du nie vergessen! Wenn ihr miteinander sprecht, heißt das nicht automatisch, dass ihr auch einer Meinung seid. Zuhören ist nicht gleich gutheißen! Auch mein Eselchen hat seine eigene Meinung. Auch wenn er damit eher zurückhaltend umgeht."

Und, wie hat dir die Geschichte gefallen? Ich finde, sie ist lehrreich, nicht wahr? Denke daran: Du hast nur eine Zunge, aber mehrere Ohren. Das hat seinen Grund.

Und nun komm! Lass uns wieder zurückgehen! Da drüben steht Mr. Bomb, der vierte im Bunde. Ihn musst du auch noch kennenlernen."

Mr. Bomb

„Ah, endlich lerne auch ich dich kennen", sagt Mr. Bomb freundlich. *„Ruhig Blut, ich bin kein Terrorist. Meine Waffe sieht nur so aus wie eine Bombe, um dich äußerlich zu erinnern, worum es hier geht. Ich habe dir einen* Implosions-Seismografen *mitgebracht. Mit ihm wirst du dich künftig etwas sicherer durch schwierige Kommunikationssituationen manövrieren. Meine Waffe ist so etwas wie eine Art Sicherheitsventil. Es tritt in Aktion, wenn du das Gefühl hast, dass dir die Hutschnur hochgeht oder dir gleich der Kessel platzt.*

Heftige Emotionen wie Wut oder Ärger sind ganz gerne mal im Spiel, wenn Menschen oder auch ganze Gruppen von Menschen mit unterschiedlichen Meinungen, Erwartungshaltungen, Ansichten und Vorstellungen, aber auch unterschiedlichem Machtbedürfnis aufeinandertreffen. Es kommt zu Konflikten.

Einer der großen Klassiker hierunter ist sicher der Beziehungskonflikt, *bei dem verschiedene Persönlichkeiten aufeinanderstoßen, die sich ‚nicht grün' sind. Beim einen wird die Gesprächsstimmung schon im Vorfeld frostig, wenn er nur daran denkt, auf einen Raucher zu treffen. Wieder einer lehnt es ab, ein vernünftiges Gespräch mit einem noch wenig erfahrenen Auszubildenden zu führen. Dann wird da noch in* Verteilungskonflikten *vortrefflich über Ressourcen gestritten. Oder es prallen in* Zielkonflikten *unterschiedliche Ziel-auffassungen und abweichende Motive aufeinander. Gerätst du schließlich in einen* Rollenkonflikt, *kommst du unter Umständen aufgrund der zahlreichen Anforderungen ins Schwimmen, die verschiedene Interessengruppen (wie deine Familie, dein Vorgesetzter oder Freunde) gleichzeitig an dich haben.*

Im Gespräch mit anderen kannst du eigentlich nur vier mögliche Zustände erreichen, von denen einer in den meisten Fällen am erstrebenswertesten ist, da in allen anderen ein teilweise sogar recht gewaltiges Potenzial für Gefühls-ausbrüche schlummert."

Ich bin O. K. – Du bist O. K.
„Wir stehen uns absolut gleichberechtigt gegenüber und befinden uns auf einer kommunikativen Augenhöhe. Wir sind ebenbürtige Gesprächspartner und gehen respektvoll miteinander um. Es ist schön, dass wir miteinander reden."

Ich bin O. K. – Du bist nicht O. K.

„Na, du kleiner Wurm. Sieh gefälligst zu mir auf, wenn ich mit dir spreche! In unserem Gespräch sage ich dir, wo es langgeht. Im Grunde genommen interessiert es mich nur am Rande, was du sagst."

Ich bin nicht O. K. – Du bist O. K.

„Warum rede ich überhaupt mit dir? Du bist doch sowieso viel mächtiger als ich. Sag mir am besten gleich, wo es langgeht, dann können wir die Sache hier ein wenig abkürzen."

Ich bin nicht O. K. – Du bist nicht O. K.

„Was soll das ganze Gefasel hier überhaupt bringen? Wir sind doch sowieso nur so zwei kleine Lichter. Am besten wird sein, wir stürzen uns gemeinsam von einer Klippe. Dann ist unser Leiden endlich vorbei. Das alles hier ist doch völlig sinnlos."

Mr. Bomb holt Luft und fährt fort: *„Der erstrebenswerteste Zustand in einem Gespräch ist natürlich der, bei dem beide Partner sich gleichberechtigt verständigen (‚Ich bin O. K. – Du bist O. K.'). Als Menschen tretet ihr am ehesten so auf, wenn ihr euch im bewussten Zustand des Erwachsen-Seins bewegt. Du willst nun sicher wissen, was das nun schon wieder heißen soll: Bewusster Zustand des Erwachsen-Seins? Dafür muss ich ein wenig ausholen.*

Ihr Menschen tretet in verschiedenen Situationen unterschiedlich auf. Die Reaktionen eures Ich lassen sich in insgesamt drei Bereiche einordnen. Je nach Situation kann ein und derselbe Mensch entweder aus seinem Eltern-Ich, aus seinem Erwachsenen-Ich oder seinem Kindheits-Ich heraus handeln.

*Das **Eltern-Ich** eines Menschen ist stark geprägt von der Erziehungsmethode der Eltern. Was einem als Kind von den Eltern oder in der Schule eingetrichtert wurde, bestimmt auch noch das Verhalten bis ins Greisenalter. Es teilt sich in zwei Rollen: eine fürsorgliche und eine kritische.*

*Im Gegensatz zum Eltern-Ich entwickelt ihr Menschen euer **Erwachsenen-Ich** erst im Laufe des Lebens. Es basiert auf eurer ganz persönlichen Lebenserfahrung.*

Das **Kindheits-Ich** von euch wiederum wird wie das Eltern-Ich bereits in der Kindheit geprägt. Hier wird nach typisch kindlichen Gefühlsregungen gehandelt: nach Lust und Laune. Es besitzt drei Ausprägungen: Das **neugierige** (oder auch **natürliche**) Kindheits-Ich ist spontan und unbekümmert, das rebellische ist störrisch und aufbrausend und das **angepasste** befolgt Befehle, erst die Befehle der Eltern, dann die der Vorgesetzten.

Mr. Ear und Mr. Look haben dir bereits beigebracht, wie du am besten auf die eigenen und die vermeintlichen Gefühle deines Gesprächspartners achtest und wie du Argumente aufmerksam hörst. Mein **Implosions-Seismograf** hilft dir nun, die eigenen und fremde Argumente durch einen Filter zu jagen und seismografische Schwingungen frühzeitig zu erkennen – bevor der Vulkan ausbricht.

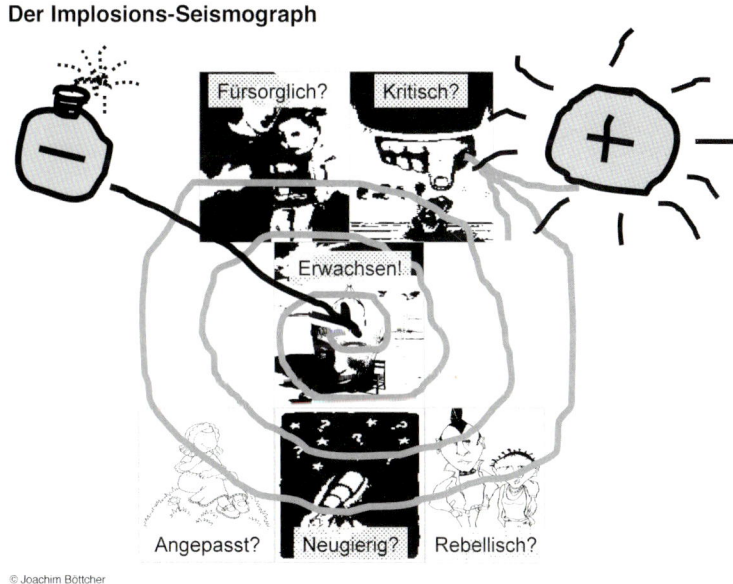

Der Implosions-Seismograph

© Joachim Böttcher

Hierzu durchlaufen deine und fremde Argumente künftig in einer Art Spirale alle sechs oben beschriebenen Ich-Zustände. Nur Mut, es ist einfacher, als es sich liest. Wir werden auch gleich ein wenig zusammen üben. Bei diesem Durchlauf checkst du, ob fremde und eigene Argument sich zu einer explosiven Mischung verdichten. Das Explosionspotenzial ist besonders stark, wenn einer der Gesprächspartner betont aus dem (dann zumeist kritischen) Eltern-Ich heraus argumentiert. Oder wenn das (dann zumeist rebellische) Kindheits-Ich im Gespräch überbetont wird.

Diese hochexplosive Mischung aus negativ aufkeimenden Gefühlen lässt du abschließend bewusst durch dein Ich als Erwachsener beurteilen. So implodiert der Konflikt hoffentlich, bevor er ausbricht. Und so kommt ihr, dein Gesprächspartner und du, unter Umständen wieder auf eine sachliche Gesprächsebene, und das Gespräch nimmt einen positiveren Verlauf. Ich hoffe, du findest die Grafik hilfreich. Und nun lass uns mal ein Beispiel anschauen."

Otto Schluri und Paula Pingel sitzen bei Paula im Büro. Otto will einen Teil der Agentur und damit auch Mitarbeiter aus Paulas Unit von München nach Hamburg verlagern. Otto erläutert Paula gerade seinen Standpunkt: „So, Paula. Da kannst du dich auf den Kopf stellen. Meine Kunden sitzen fast alle in Hamburg. Wir machen das jetzt, und damit basta!"

Paula denkt nun einen kurzen Moment über diese Aussage nach. Sie stellt fest, dass Paul als Eltern-Ich an sie als angepasstes Kind appelliert und erwartet, dass sie klein beigibt und zustimmt. „So eine Frechheit!", denkt sie bei sich. „Anderseits scheinen seine Kunden ihn schwer unter Druck zu setzen, so nervös, wie er auf dem Stuhl hin- und herrückt. Doch wie reagiere ich nun?"

Als kritisches Eltern-Ich?
„Bist du wahnsinnig geworden, einen Teil der Agentur von hier wegzuziehen? Das ist doch unverantwortlich. Du darfst doch so eine Entscheidung nicht nur wegen deiner Kunden fällen. Du musst doch dabei auch andere wie mich in deine Entscheidung einbeziehen. Ich finde es schockierend, dass du mich hintergangen hast!"

Als fürsorgliches Eltern-Ich?
„Herzlichen Glückwunsch. Ich denke, du hast eine gute Entscheidung getroffen. Dieser Umzug wird zwar auch Schwierigkeiten mit sich bringen. Da aber deine Kunden das bereits begrüßen, werden wir unsere Mitarbeiter auch davon überzeugen. Ich helfe dir. Gemeinsam schaffen wir das schon."

Als angepasstes Kindheits-Ich?
„Dann gratuliere ich mal artig. Du hast es mal wieder geschafft."

Als neugieriges Kindheits-Ich?

„Was sagst du da? Teile der Agentur sollen nach Hamburg umziehen? Das ist ja spannend! Da würde ich mit meiner Unit auch gerne hinziehen. Hamburg soll ja so eine aufregende Stadt sein. Gigantisch! Mensch, du hast es gut."

Als rebellisches Kindheits-Ich?

„Bitte? Hör ich richtig? Ich glaube, jetzt schlägt es dreizehn, wie? Sag mal, tickst du eigentlich noch richtig? Was soll denn der Scheiß nun wieder? Also, ohne mich! Klar so weit?"

Als Erwachsenen-Ich?

„Danke für die Information, Otto. Gibt es für diesen Entschluss spezielle Gründe? Warum muss es gerade Hamburg sein? Verbessern wir unsere Chancen als Agentur durch diesen Umzug? Denke bitte auch daran, dass so ein Umzug eine Menge Stress für die Agentur bedeutet. Einige unserer Mitarbeiter werden umziehen müssen und aus ihrem sozialen Umfeld gerissen. Wir sollten noch einmal darüber nachdenken und nichts überstürzen."

So endet Mr. Bomb seine Ausführungen. Seine drei Besatzungsmitglieder kommen dazu, und alle strahlen Sie zuversichtlich an.

„Mit unseren Waffen bist du nun bestens gerüstet. Jetzt kennst auch du die Regeln. Denke daran: Nur durch Übung wirst du zum wahren Meister. Nur so kannst du deine Kunst verfeinern", sagt Mr. Bomb und drückt Ihnen aufmunternd die Hand. *„Vertraue nicht nur auf Äußeres. Um dich auf deine Gesprächspartner wirklich einzulassen, musst du auch auf die Gefühlsebene achten!"*, fügt Mr. Look hinzu, bevor er wieder in das UFO klettert.

„Denke daran, dass jede deiner Botschaften vier Projektile verschießt. Sei zuversichtlich, mit ein bisschen Gespür und Übung wirst auch du hier immer sicherer agieren", hebt Mr. Mike noch mal mahnend den Finger, und mit ihm klettert auch Mr. Ear die Leiter zur Luke des UFOs hinauf.

Bevor Mr. Ear die Luke des Raumschiffs hinter sich zuzieht, schaut er Sie an und sendet Ihnen noch folgende Gedanken: *„Denke daran. Hüte deine Zunge und nutze in Zukunft viel mehr deine Ohren – auch die vier zusätzlichen, die ich* *dir gegeben habe. Ach ja, du kannst auch sämtliche Ohren anderer Menschen nutzen. Bitte deine Gesprächspartner oder Beobachter – zum Beispiel uns – um ehrliches Feedback oder um Hilfe. Du kannst uns ab jetzt immer rufen, wenn du uns brauchst. Wir sind immer für dich da und helfen dir, so gut wir können. Möge die Macht mit dir sein!"*

Fortan kennen Sie, Ihren vier neuen Helfern sei Dank, die Grundzüge der Kunst der Kommunikation. Nun ist nicht nur die Macht mit Ihnen, sondern Sie können diese Macht potenziell sogar weiter steigern, indem Sie sich ein zuverlässiges Netzwerk aufbauen. Der nächste Abschnitt verrät, worauf es hierbei ankommt.

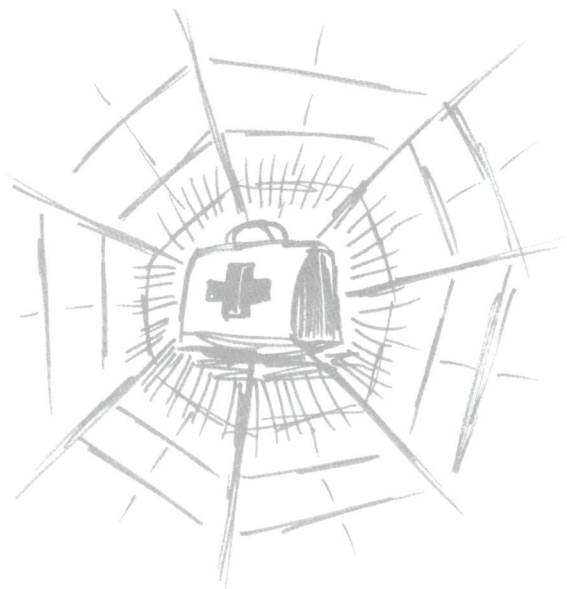

KAPITEL 6

Networking

Beim Thema Networking denken viele zunächst an Seilschaften, Vettern-wirtschaft und Klüngel in der Hauptsache zwischen Männern – kurzum an Begriffe, die eher mit negativen Gefühlen besetzt sind. Dabei sind es eben jene fein gewebten und oftmals mit viel Mühe gesponnenen Netzwerke *(Networks)*, private Bekannt- und Freundschaften, berufliche Kooperationen, die unser soziales Gefüge bilden und uns privat wie im Beruf über Wasser halten. Netzwerke können vieles einfacher machen. Doch wie funktionieren solche Netzwerke eigentlich? Was macht heutiges modernes Networking aus? Und wie können Sie es nutzbringend einsetzen? Worauf müssen Sie achten?

Um Netzwerke und deren Bewirtschaftung zu verstehen, versetzen Sie sich am besten in die Lage eines ganz normalen Menschen, der bei einer Bank einen Kredit aufnehmen möchte. Sie sind Bittsteller, der etwas Wertvolles haben möchte – z. B. Zeit oder Einfluss einer anderen Person. Und Sie müssen dafür – wie bei einer Bank – das Vertrauen Ihres Gegenübers gewinnen und „Sicherheiten" hinterlegen, dass Sie als „Kreditnehmer" nicht „ausfallen".

Sie in der Mitte Ihres Netzwerks

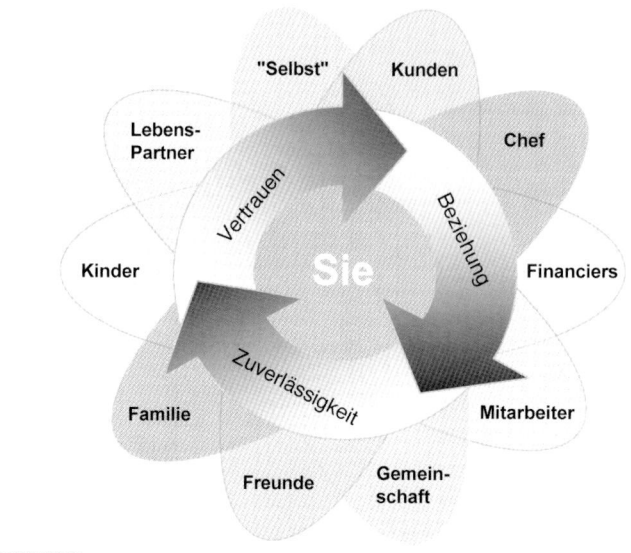

© Joachim Böttcher

Nun stellen Sie sich wie in der Grafik vor, Sie seien im Zentrum Ihres Netzwerks und unterhalten insgesamt zehn solcher „Bankverbindungen". Die fünf links sind privater, die fünf rechts eher beruflicher Prägung. Die Grenzen hierbei sind bekanntlich manchmal fließend. Die „Werte", auf die Sie – und die Partner des Netzwerks meistens im Übrigen auch – es abgesehen haben, sind folgende: Zeit, manchmal Zuwendung und Liebe oder eben einfach kleine Gefälligkeiten jedweder Natur. Im Gegenzug haben Ihre „Banken" in irgendeiner Art und Weise Interesse daran, dass Sie in deren Sinne „funktionieren".

Bleiben wir ruhig in der Metapher der Bankenwelt. Die ganze Sache funktioniert eigentlich ähnlich wie bei einem Bankkonto oder Sparbuch. Sie können nur etwas abheben, wenn Ihr Konto ein Guthaben aufweist. Ins Soll zu rutschen heißt gerade auch beim Thema Networking: Das wird teuer! Hier einige Beispiele:

- Treiben Sie zum Beispiel Raubbau am eigenen Körper, sprich: investieren Sie zu wenig in sich selbst, ist der Zins gewaltig. Ihr Körper rächt sich unter

Umständen durch Müdigkeit oder gar Krankheit. (Schon unsere Mütter sagten zu Recht: „Der Körper holt sich, was er braucht!")

- Vernachlässigen Sie Ihren Ehe- oder Lebenspartner zu sehr, leiden die Beziehung oder die Ehe. Schlimmstenfalls stehen Sie bald wieder als Single da.

- Kinder, die eigene Familie und Freunde verzeihen es am wenigsten, wenn das Vertrauen missbraucht und die Beziehung zu spärlich gepflegt wird oder es mit der Zuverlässigkeit allzu sehr hapert. Es weht einem bald der Wind blanker Ablehnung ins Gesicht.

Was heißt das nun im Umkehrschluss? Über Wege zu erfolgreichem Networking ist bereits viel nachgedacht und geschrieben worden. Unabhängig von der Art der „Bankverbindung" fahren Sie am besten, wenn Sie folgende Basics beherzigen:

- *Einzahlen (Geben) ist seliger als Abheben (Nehmen).* Die wohl wichtigste Regel beim Networking. Eigennützigkeit und Neidgefühle dürften hierbei die größten Erfolgskiller sein.

- *Schaffe beiderseitigen Nutzen!* Hüten Sie sich davor, wahllos irgendwelche Kontakte zu knüpfen. Bauen Sie vielmehr gezielt Kontakte auf, die beiden Seiten einen adäquaten Nutzen versprechen. (Einschränkung: Ihre Familie können Sie sich weiterhin nicht aussuchen.)

- *Denke und handle zuvorkommend!* Und das ist bitte wörtlich zu nehmen. Beobachten Sie permanent, was Ihre „Kreditgeber" im Netzwerk benötigen bzw. wonach diese suchen. Sind es Informationen? Sind es Kontakte oder Know-how? Was können Sie dazu beitragen?

- *Bleibe ehrlich interessiert!* Ehrlichkeit und Interesse am Nächsten sind Basiseigenschaften für gutes Netzwerken. Zuverlässigkeit, die ehrlich gemeinte Pflege der Beziehung und gegenseitiges Vertrauen sind wichtige Voraussetzungen.

Zusammenfassend lassen sich darauf aufbauend folgende zehn Gebote für die Pflege von Netzwerken aufstellen:

1. Betrachte deine Netzwerkpartner als etwas Wertvolles!
2. Pflege deine Beziehungen und Kontakte stets langfristig!
3. Finde heraus, was der andere braucht!
4. Versuche mehr zu geben, als du nimmst!
5. Sei geduldig, was Gegenleistungen angeht.
6. Bitte nur um einen Gefallen, wenn dein Beziehungskonto auch wirklich im Plus ist!
7. Verschaffe dir keine Vorteile auf Kosten anderer!
8. Missbrauche niemanden für deine Zwecke!
9. Vermeide es, dein Beziehungskonto zu überziehen!
10. Überrasche dein Netzwerk nur positiv!

Sofern Sie diese Gebote für gutes Netzwerken beachten, wird auch Sie Ihr Netzwerk mitunter sicher positiv überraschen. Bei einer Tätigkeit müssen Sie diese Disziplin aus dem Effeff beherrschen, sonst sind Sie eine Fehlbesetzung – beim Verkaufen. Das folgende Kapitel zeigt Ihnen, wie Sie ein von Ihren Kunden und Ihrem Arbeitgeber gleichermaßen gern gesehener Verkäufer werden können, ohne sich dabei selbst zu verkaufen, sprich: ohne sich zu prostituieren.

KAPITEL 7

Sich verkaufen, ohne sich zu verkaufen

Eine Sache lässt sich bei privaten Feiern zu gut beobachten. Auf das zumeist euphorische Vorstellen mit Armauskugeln beim gegenseitigen Händeschütteln folgt nach einer kurzen Schweigeminute mit „Und, was machst denn du so?" unweigerlich die Frage nach dem Beruf. Ganz lustig wird es dann, wenn jemand anfängt herumzudrucksen. Dann ist sie oder er entweder arbeitslos oder managt als Hausfrau ein kleines Familienunternehmen oder – noch schlimmer – sie oder er arbeitet im Vertrieb, was einen ähnlich guten Ruf wie das horizontale Gewerbe zu haben scheint.

Ist das nicht seltsam, dass sich so viele Vertriebsmitarbeiter für ihren Job regelrecht schämen? Dabei ist Geld vergleichbar mit Blut. Wie das Blut beim Menschen, versorgt es ein Unternehmen mit allem, was es für den teilweise täglichen Kampf ums Überleben braucht. Dabei ist es ganz egal, ob es sich um eine *One-Man-* oder *One-Woman-Show* handelt oder um ein Unternehmen mit größerer Mitarbeiterzahl. Kommt zu wenig Geld in die Kasse, geht dem Unternehmen früher oder später die Puste aus. Und dabei ist es genauso egal, ob das Unternehmen der vermeintlich kreativste Anbieter von Events, die angesagteste Agentur für Werbung, das hipste Plattenlabel oder der erfinderischste Laden für Film- und Video-Post-Production ist. Ohne Moos ist eben auch im kreativsten Business nix los. Mal im Ernst, muss sich ein Vertriebsmitarbeiter dafür schämen, sein Unternehmen mit dem zu versorgen, was es am nötigsten braucht: mit Geld?

Doch warum schämen sich dann so viele Vertriebsleute aufgrund ihrer bloßen Berufsbezeichnung? Vielleicht liegt die Ursache weniger an der Funktion und ihrer Bezeichnung an sich als vielmehr daran, dass so viele einen Beruf im Vertrieb ausüben, ohne wirklich etwas davon zu verstehen? Und das strahlt dann negativ auf die ganze Zunft ab.

Im alten New York, so sagt man, trafen die beiden Größen ihrer Zeit, der Bankier John Pierpont Morgan und der Tycoon John D. Rockefeller jr., in einem sagenumwobenen Gespräch aufeinander. Da sich beide Herren spinnefeind waren, stritten deren Schergen einige Zeit darum, wer sich bei wem einzufinden habe, um eine mit 88,5 Millionen Dollar für die damalige Zeit gigantische Transaktion abzuwickeln.
Schließlich fand Rockefeller jr. sich im Büro von Morgan ein. Dieser trat äußerst arrogant auf, begrüßte Rockefeller jr. angeblich nicht einmal und eröffnete das Gespräch schnippisch mit: „Also gut, welchen Preis fordern Sie?" Rockefeller erwiderte schlicht: „Herr Morgan, ich glaube, da liegt ein Irrtum vor. Ich bin nicht hier, da ich ihnen etwas verkaufen muss. Ich bin hier, weil Sie etwas von mir kaufen möchten."

Diese kleine Anekdote verdeutlicht, dass Sie auch als Verkäufer eine gewisse Machtposition haben. Der Kunde will schließlich auch etwas von Ihnen! Produkte, Service, kreative Dienstleistungen, Rat – kurzum: die Lösung eines Problems.

Viele Vertriebsmitarbeiter, die den Titel eines Verkäufers völlig zu Unrecht auf ihrer Visitenkarte spazieren tragen, fallen auch heute noch buchstäblich mit der Tür ins Haus. Jetzt noch mal zum ganz langsam Nachlesen: Die Welt dreht sich jeden Tag. Bedürfnisstrukturen und Vertriebsmodelle, die einmal erfolgreich waren, müssen sich entsprechend anpassen und sich verändern. Oder sie verschwinden einfach vom Markt oder führen ein Dasein als das, was sie letztlich völlig zu Recht sind: zum Aussterben verurteilte Dinosaurier. Der früher insbesondere bei Strukturvertrieben so beliebte Ansatz „Anhauen, Umhauen, Abhauen" funktioniert heutzutage genauso wenig, wie es ausreicht, den Interessenten lange genug mit vermeintlichen Produktdetails tot zu quatschen.

An wen verkaufen Sie eigentlich?

Es gibt jede Menge Bilder, die illustrieren, wie Sie zu immer loyaleren Kunden gelangen. Einige sehen die Summe der Kunden als Bündel (neudeutsch: *Cluster*), über die vereinheitlichte Angebote drübergenudelt werden. Andere sprechen von einer Pipeline, die es zu pflegen gilt. Wieder andere sprechen von Trichtern, in die Sie jede Menge Adressen schütten, um am Schluss eine erkleckliche Anzahl Kunden zu produzieren. Da werden Kontaktquoten vorgegeben und so mancher kleine wie große Betrieb hat sich so schon herrlich reich gerechnet. Nur um anschließend zu erkennen, dass sich die Märkte von heute und damit auch ihre Kunden alles andere als berechenbar verhalten.

Wie, bitte schön, soll das jemanden motivieren, wenn Sie im Vorfeld bereits erzählen, dass sie oder er jede Menge Adressen in den Trichter werfen oder in die Pipeline einspeisen muss, nur um einige sehr wenige Kunden unten herauströpfeln zu sehen?

Der Weg zum "Gipfel der Genüsse" - zum loyalen Kunden

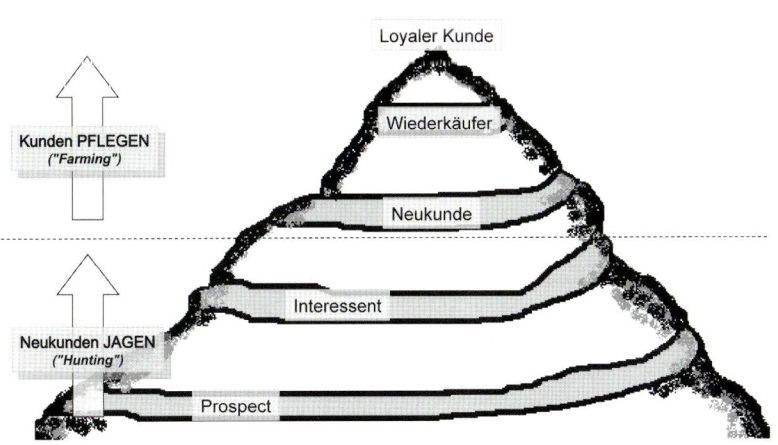

in Anlehnung an das Modell der Loyalitäts-Leiter (*Loyalty Ladder*) von Christopher u.a. (1991)

Das Bild des Bergsteigens eignet sich da erheblich besser. Wenn Sie auf den Gipfel eines Berges wollen, bereiten Sie sich entsprechend vor, legen die Marschroute fest, packen Ihren Rucksack und laufen üblicherweise unten im Tal los. Sie passieren so manchen Grat, meistern Hindernisse und erreichen am Schluss den Gipfel. Hier wird die Luft dann zwar meistens auch ein wenig dünner, und doch können Sie sich hier – Endorphin sei Dank – so richtig über Ihren Erfolg freuen.

Das Ziel eines jeden Verkäufers sollte der loyale Kunde sein. Der Kunde, der ihn, das Unternehmen und dessen Lösungen weiterempfiehlt, ja sogar verteidigt, wenn es hart auf hart kommt. Das und nicht etwa der schnelle Vertriebserfolg ist für einen Verkäufer der „Gipfel der Genüsse". Denn von diesem loyalen Kunden hängen sein Gehalt, sein Bonus, der Fortbestand der Firma, sein Status und damit eben sein ganz persönlicher Lebensgenuss ab.

Dazu muss der erfolgreiche Vertrieb zwei Dinge machen: „Neukunden jagen" (*Hunting*; dabei müssen Sie natürlich auch einige Vertreter Ihrer Beute-Zielgruppe zur Strecke bringen) und „Bestandskunden pflegen" (*Farming*).

- Wie jede steile Wanderung beginnt auch dieser oft steinige Weg der Kundenakquisition mit einem ersten Schritt: der Identifikation möglicher *Die-möchte-ich-gerne-als-Kunden-gewinnen-Kunden* (*Prospects*). Um sein nächstes Etappenziel auf dem Weg zum Gipfel zu erreichen, wird sich ein guter Verkäufer äußerst intensiv mit den vermuteten Bedürfnissen des Marktes und damit dieser *Prospects* beschäftigen und sich so auf die Ansprache dieser Kunden vorbereiten. Genau wie ein Bergsteiger, der alle Informationen zu eventuellen Schwierigkeiten auf der Strecke einholt und die entsprechende Ausrüstung zusammenstellt.

- In der ersten Ansprache wird der Verkäufer nun auf die Situation des Kunden eingehen, die Vorteile seiner Lösung für den Kunden aufzeigen und so den *Prospect* unter Umständen zum *Interessenten* werden lassen.

- Entschließt sich nun der Interessent, die Lösung abzunehmen, wird er zum *Neukunden*. Und an dieser Stelle endet der originäre Prozess der Kundenakquisition, das *Jagen* nach Neukunden.

- Ab nun heißt es, Kunden des Bestandes zu pflegen und diese auf dem Weg zur nächsten und letzten Bergstation vor dem Gipfel zu begleiten. Sie sollen zu *Wiederkäufern* werden.

- Das Ganze gipfelt im *loyalen Kunden*, der voll und ganz hinter der Leistung, den Lösungen und dem Service des Unternehmens steht.

Rucksack für mehr Vertriebserfolg

In Zukunft setzen Sie buchstäblich auf das Bild eines echten Rucksacks und bereiten so Ihre Verkaufsaktivitäten mit Spaß bestens vor. Hierfür vergrößern Sie sich einfach die folgende Vorlage auf etwas festeres Papier oder ziehen die kopierten Symbole auf Karton auf. Anschließend schneiden Sie die Ausrüstungsgegenstände aus und haben nun eine optische Stütze, die Sie durch die Vorbereitung führt. Klingt nicht nur spielerisch, macht auch ungemein Spaß und hat sich in der Praxis enorm bewährt.

Die Ausrüstungsgegenstände sind:

- eine Landkarte
- ein Mobiltelefon
- ein guter Wanderschuh
- eine Broschüre der Touristen-Information
- ein Maskottchen
- etwas Geld
- eine gutes Seil und
- ein Karabinerhaken.

Und was soll das nun mit Vertrieb zu tun haben? In der Summe stehen die Gegenstände für den Prozess, mit dem aus *Prospects* loyale Kunden werden können. Für sich alleine steht jeder Ausrüstungsgegenstand für die nötigen Überlegungen des jeweiligen Schrittes auf dem Weg zum Gipfel.

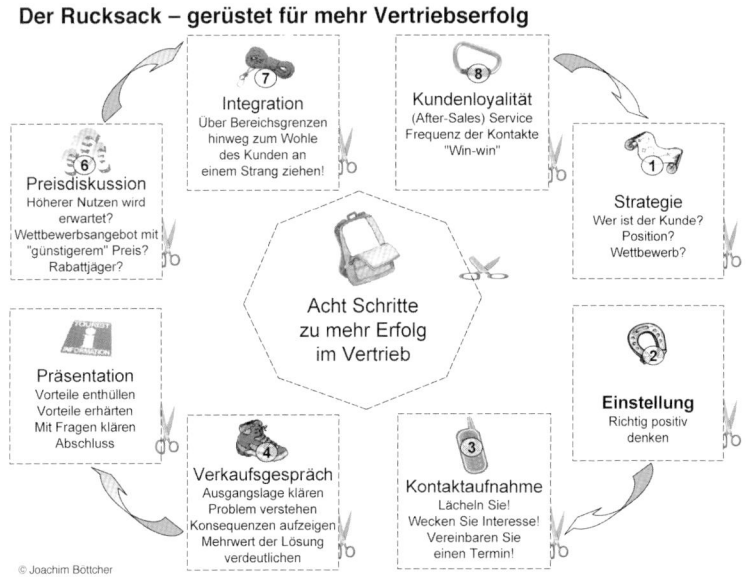

Landkarte für die Strategie zum Vertriebserfolg

Genau wie beim Bergsteigen müssen Sie erst einmal die „Landkarte" studieren, die Route und mögliche Ausweichrouten auf dem Weg zum Gipfel festlegen und für Ihren Markt überlegen, in welcher Umwelt Sie sich bewegen. Übertragen auf die Situation eines Verkäufers, sieht das dann folgendermaßen aus:

- Wo ist der Gipfel? Wer sind Ihre Kunden? Wie denken sie? Welche Wünsche haben sie in Bezug auf Ihre Lösung? Was beeinflusst sie noch in ihren Entscheidungen?
- Wie viele Bergsteiger sind auf dem Weg zu diesem Gipfel, sprich: Wie sieht der Wettbewerb aus?
- Wie schwierig wird das Gelände, sprich: Wie stark ist die Verhandlungsposition Ihrer Kunden?
- Wer hat eine andere Route eingeschlagen und droht Sie eventuell sogar zu überholen, sprich: Welche Innovationen könnten existenziell bedrohlich werden?

Verinnerlichen Sie hierbei aber darüber hinaus auch noch, dass das Bild der Landkarte vom Gelände von der Realität durchaus abweichen kann. Ein Bergsteiger denkt zusätzlich darüber nach, ob und wen er eventuell in seiner Seilschaft am besten noch mitnimmt (das Stichwort hierfür haben Sie im letzten Kapitel beleuchtet: *Networking*). Um seinen Weg in überschaubare Etappen zu zerlegen, überlegt sie oder er sich zudem auch noch, an welchen Stationen eine kleine Verschnaufpause einzulegen ist.

Maskottchen für richtiges positives Denken

Am besten verdeutlicht, was hierunter zu verstehen ist, die folgende kleine Anekdote:

Beschäftigen Sie sich in Gedanken bitte kurz mit einer Person, deren Lebensgeschichte gerne auf die Worte „alleinerziehende Sozialhilfeempfängerin schreibt Bestseller" reduziert wird.

Da sitzt eine von Schicksalsschlägen gebeutelte Frau im Zug von Manchester nach London. Mutter vor Kurzem an Multipler Sklerose gestorben, Ehe kaputt, kleines Kind am Hals. Schon immer hat sie gerne Geschichten und Figuren erfunden. Plötzlich taucht vor ihrem inneren Auge ein schwarzhaariger Junge mit einer Narbe auf der Stirn und magischen Fähigkeiten auf, von denen er jedoch zunächst nichts weiß.

Die junge Dame ist zu schüchtern, einen Mitreisenden nach einem Kugelschreiber zu fragen. Wieder zu Hause, stürzt sie sich auf einen Stift, um wie eine Besessene mit dem Schreiben zu beginnen.

Das erste Buch wird schnell fertig. Und doch dauert es über ein Jahr, bis ihr Agent einen Verlag findet, der das Buch mit einer Startauflage von gigantischen 500 Exemplaren veröffentlicht.

Inzwischen sind aus dem einen Buch sieben geworden. Der Held der Buchreihe heißt Harry Potter. Die Heldin vieler junger und erwachsener Leser heißt Joanne K. Rowling, die damit in weniger als zehn Jahren von der Sozialhilfeempfängerin zur Milliardärin aufstieg.

Heute dürfte dieser Kugelschreiber, der wahre Zauberstab der Harry-Potter-Serie, im Museum liegen. Haben Sie etwas, das Sie an das erinnert, was Ihnen im Leben wichtig ist und Ihnen Kraft gibt?

Beim einen ist es das Schreibgerät, beim anderen ein ganz bestimmter Song, den er auf dem Weg zur Arbeit oder zum Gespräch beim Kunden hört. Suchen auch Sie sich einen „Zauberstab", ein Maskottchen.

Verinnerlichen Sie ruhig noch einmal das im Kapitel zum Thema Motivation Geschriebene.

- Suchen Sie sich eine schöne Gedächtnisstütze, die Sie daran erinnert, das aus Ihrer Sicht und für Sie Richtige zu denken.
- Lassen Sie zu, dass dieses Maskottchen Sie anspricht und in Ihnen etwas bewegt.
- Öffnen Sie sich und lassen Sie es zu, dass dieser Gegenstand, dieser Song, dieses Gedicht, dieses Irgendetwas Sie an das erinnert, was Sie als richtig positive Gedanken empfinden.
- Lassen Sie zu, dass diese Erinnerung diese für Sie richtigen positiven Gedanken und damit die richtige Energie auch freisetzt.

Und Sie werden sehen: Ihr Unterbewusstsein wird noch mehr dafür sorgen, dass Sie das für Sie richtige Positive denken und dann auch tun. Das gilt selbstverständlich auch für Ihr Tun und Handeln beim Thema Verkaufen.

Mobiltelefon für die Kontaktaufnahme

Genau wie Sie in der Praxis dann zunächst überlegen, wen Sie eigentlich anrufen wollen, sollten Sie in der Vertriebspraxis vorgehen. Mit wem wollen Sie eigentlich in Kontakt treten? Hatte die Person mit Ihnen bereits persönlichen Kontakt, ist die Sache meist recht einfach. Sie haben die Möglichkeit, sich auf das Gespräch zu beziehen. Doch wie gehen Sie vor, wenn es sich bei dieser Person um einen absolut „kalten" Kontakt handelt? Eine Person, bei der Sie bislang keine Gelegenheit hatten, diese durch eine Einladung zu einem Event, zu einem Messebesuch oder sonst wie bereits „vorzuwärmen"?

Auf dem Weg zur Terminvereinbarung müssen Sie in den meisten Fällen an jemandem vorbei, der den Auftrag hat, genau solche Anrufer wie Sie so konsequent wie möglich abzuwimmeln und nur wirklich wichtige Anrufer durchzulassen. Hier begehen viele einen schwer wiedergutzumachenden Fehler; sie versuchen, den Vorzimmerdrachen niederzuringen, und ziehen die Mauer vor dem Zielkunden so doch nur höher und höher. Dabei ist sie oder er es, die oder der entscheidet, ob es zu einem ersten Gespräch zwischen Ihnen und dem *Prospect* kommt.

- Der Weg zum Zielkunden führt fast immer über das Vorzimmer.
- Lächeln Sie beim Telefonieren. Das lässt Ihre Stimme unbewusst meistens sympathischer klingen. Sorgen Sie von Anfang an auch für ein positives Klima zwischen Ihnen und dem Sekretariat, indem Sie sich höflich vorstellen.
- Machen Sie sich die Macht dieser Person bewusst und geben Sie der Person auch das Gefühl, Macht zu haben und damit wertvoll zu sein.
- Nutzen Sie anschließend diese Macht für Ihre Zwecke.

Sie können beispielsweise wie folgt vorgehen:

Paula Pingel und Otto Schluri sitzen bei Paula Pingel im Büro. Sie wählt die Nummer der Zentrale eines Prospects der Agentur, die Nummer der Schnippelpohl & Söhne GmbH & Co. KG

Zentrale:	*„Schnippelpohl & Söhne, Zentrale."*
Paula Pingel:	*„Werbeagentur ‚Die Wilde 13', mein Name ist Paula Pingel. Ich möchte gerne die Dame oder den Herrn sprechen, der bei Ihnen für Marketing zuständig ist. Können Sie mir bitte den Namen sagen?"*
Zentrale:	*„Sicher. Das ist Herr Holger Stranz."*
Paula Pingel:	*„Strantz, mit ‚tz'? Können Sie mir die Durchwahl geben?"*
Zentrale:	*„Einfach mit ‚z'. Seine Durchwahl ist die 730. Soll ich Sie an seine Assistentin durchstellen?"*
Paula Pingel:	*„Gerne. Wie heißt die Dame? Können Sie mir bitte auch ihre Durchwahl geben?"*
Zentrale:	*„Das ist Frau Gabriele Lang. Sie hat die Durchwahl 735. Ich verbinde Sie."*

Paula Pingel: „Danke."
Es klingelt und jemand nimmt den Hörer ab.
Assistenz (leicht gehetzt):   „Ja, Lang."
Paula Pingel: „Werbeagentur ‚Die Wilde 13', mein Name ist Paula Pingel. Frau Lang, Sie sind die persönliche Assistentin Ihres Marketingleiters, Herrn Holger Stranz. Ich möchte gerne mit ihm sprechen."
Assistenz: „Worum geht es denn?"
Paula Pingel: „Unsere Agentur hat eine absolute Neuheit auf dem Gebiet der Werbemittelerfolgskontrolle entwickelt, mit der Schnippelpohl & Söhne die Kosten hierfür erheblich reduzieren könnten."
Assistenz: „Kosten sparen? Da rennen Sie bei ihm mit Sicherheit offene Türen ein. Er klagt ja immer über die knappen Budgets. Momentchen noch, ich kündige Sie an und stelle Sie dann durch."
Paula Pingel: „Vielen Dank, Frau Lang."

Hier zwei Tipps:

Auch wenn es bedeutet, dass Sie den Hörer ein zweites Mal in die Hand nehmen müssen, rufen Sie die Assistenz Ihres Zielkunden ruhig vorher an (z. B. am Morgen), um ein Telefonat zu einem späteren Zeitpunkt (z. B. am Nachmittag) zu vereinbaren. Ihre Erfolgsaussichten auf ein Telefonat steigen.

Vermeiden Sie es, sich mit Rückrufangeboten abwimmeln zu lassen. Solche Rückrufe passieren eher selten.

Sie haben es geschafft! Der *Prospect* schwimmt im Teich und Sie dürfen Ihre Angel ein erstes Mal auswerfen. Nun zählt es. Sie müssen bei Ihrem Kunden für ein persönliches Gespräch Interesse wecken.

Wie viele Würmer packt ein Angler für gewöhnlich als Köder an seinen Angelhaken? Richtig. Einen. Vermeiden Sie es, Ihren *Prospect* mit zu vielen Informationen zu beballern, bis ihm das Blut aus dem Ohr läuft. Sprechen Sie aus, was Sie wollen: einen persönlichen Gesprächstermin, und bleiben Sie bei diesem Ziel. Nennen Sie den Zeitbedarf für das Gespräch. Rechnen Sie damit, dass Ihr Gesprächspartner Sie um einen Prospekt bittet, und reagieren Sie angemessen darauf. Und so gehen Sie beispielsweise vor:

Prospect:	*„Ja, hier Stranz."*
Paula Pingel:	*„Werbeagentur ‚Die Wilde 13‘, mein Name ist Paula Pingel. Herr Stranz, Sie als Marketing-Fachmann wissen, wie wichtig das Thema Werbemittelerfolgskontrolle ist. Unsere Agentur hat hier eine einzigartig komfortable Lösung entwickelt, mit der Sie auch noch Kosten sparen. Das wäre doch interessant für Sie, oder?"*
Prospect:	*„Stimmt. Und wie geht das?"*
Paula Pingel:	*„Das möchte ich Ihnen gerne in einem persönlichen Gespräch in Ihrem Hause demonstrieren. So viel nur vorab: Im Schnitt sparen unsere Kunden etwa die Hälfte der ursprünglichen Kosten ein."*
Prospect:	*„Schicken Sie mir doch einen Prospekt. Dann melde ich mich bei Ihnen."*
Paula Pingel:	*„Herr Stranz. Wir sind davon überzeugt, dass auch die beste schriftliche Dokumentation das persönliche Gespräch mit Ihnen nicht ersetzen kann. Ich weiß, Sie sind ein viel beschäftigter Mann. Wir werden uns perfekt vorbereiten, und in 30 Minuten wissen Sie alles über den neuesten Weg der Werbemittelerfolgskontrolle. Wie wäre es denn am Donnerstagnachmittag? Oder passt Montagmorgen bei Ihnen besser?"*
Prospect:	*„Mal sehen. Ja. Donnerstagnachmittag um 17 Uhr?"*
Paula Pingel:	*„Ja. 17 Uhr ist prima. Wie genau finde ich Sie?"*
Prospect:	*„Ich stelle Sie noch mal zu Frau Lang durch. Ihr geben Sie bitte Ihre E-Mail-Adresse. Sie reserviert einen Parkplatz und schickt Ihnen dann eine Wegbeschreibung zu. Da steht dann alles Weitere drauf."*
Paula Pingel:	*„Danke. Wir sehen uns dann am Donnerstag."*

Wanderschuh für den Weg zum Verkaufsgespräch

Die Schuhe, so sagen viele erfahrene Vertriebsleute, sind das wichtigste Utensil eines guten Verkäufers. Es ist erstaunlich, dass selbst in großen Unternehmen Kunden mit teilweise beachtlichem Potenzial von ihrem Kundenbetreuer mehrere Jahre links liegen gelassen werden. Machen Sie es besser, schnüren Sie Ihre „Wanderschuhe" und gehen Sie zu Ihren Kunden.

Ebenso lässt sich folgendes Phänomen regelmäßig beobachten: Bei sündhaft teuren Veranstaltungen zur Kundengewinnung glucken einige Vertriebsleute im Pulk um die runden Stehtische, um sich an den aufgefahrenen Leckereien zu laben. Wenn Sie schon Kunden zu einer Kaviar-Lachs-Hummer-Schlacht einladen, dann sorgen Sie bitte schön auch dafür, dass mit Ihnen gesprochen wird. Sonst habe beide Seiten wenig davon. Denn Sie laden Ihren *Prospect* schließlich ein, um ihm eine Lösung anzubieten, von der Sie überzeugt sind, dass diese einen Mehrwert für Ihren Kunden erzeugt. Wenn Sie ihn völlig isoliert auf Schnittchen herumkauen lassen, wird daraus nichts – und beide Seiten sind enttäuscht.

Auch hier gilt: Gehen Sie auf Ihre Gäste zu, sprechen Sie sie an. Nutzen Sie die im letzten Kapitel vermittelte Kunst der Kommunikation. Bereiten Sie sich auf die Ansprache der Kunden vor, gehen Sie auf sie zu und verschaffen Sie Ihren Aussagen Gehör, indem Sie Ihre Gedanken kraftvoll und positiv aussprechen. Anschließend brauchen Sie eigentlich nur noch gut zuzuhören und haben so die Möglichkeit, eine eventuelle Bedarfssituation Ihres *Prospects* zu erkennen.

Dabei spielen Sie mit Ihrem Gesprächspartner eine Partie Tennis. Ist Ihnen eigentlich beim Betrachten eines Matches einmal aufgefallen, wie selten doch ein Ball so aufgeschlagen wird, dass der Gegner ohne Chance ist, diesen zu retournieren? Asse sind selten, im Tennis wie im Verkauf. Gehen Sie deshalb immer davon aus, dass Ihr Kunde den Ball zurückspielt. Bereiten Sie sich auf seine Reaktionen vor und setzen Sie den nächsten Ball so, dass Sie am Schluss den Punkt machen.

Im Tennis benutzen die meisten Profis übrigens beim Spiel so oft wie möglich eine Schlagtechnik namens *Topspin*. Hierbei wird der Ball meist am höchsten Punkt geschlagen und mit einem Vorwärtsdrall versehen. Nach dem Aufprall wird er durch die mitgegebene hohe Rotation beschleunigt und dadurch für den Gegner deutlich schwerer spielbar.

Eine ähnliche Technik für den „Schlagabtausch" mit Kunden existiert im Verkaufsbereich. Sie heißt SPIN® (Akronym für *Situation, Problem, Implication* und *Need pay-off*). Diese vom Amerikaner Neil Rackman entwickelte Methode stellt im Wesentlichen eine Fragetechnik dar, mit der Sie Ihren Kunden zu einer Entscheidung führen können, die letztlich auf dessen Selbsterkenntnis seiner Bedürfnisse basiert.

- Zunächst werden mit Fragen zur Situation die Ausgangslage des Kunden und die Hintergründe der zu lösenden Aufgabe geklärt.
- Anschließend wird die Aufgabenstellung erneut mit Fragen so stark verdichtet, dass das zu lösende Problem eindeutig und vollständig erkannt werden kann.
- Die dritte Kategorie Fragen hat zum Ziel, dem Gesprächspartner die Konsequenzen aufzuzeigen, die sich für ihn ergeben, wenn das Problem ungelöst bleibt. Auf diese Weise wird der Leidensdruck beim Kunden größer, die Aufgabe in absehbarer Zeit zu lösen.
- *Need-pay-off*-Fragen schließlich stellen den Mehrwert für den Kunden heraus, wenn eine Lösung für das Problem gefunden wird.

Der Gesprächspartner erkennt aufgrund dieser Fragetechnik das Problem tatsächlich als sein Problem und erkennt dadurch das Bedürfnis, dieses Problem zu lösen, als sein tatsächliches Bedürfnis. Wenn Ihre Lösung nun der passende Deckel zum Topf ist, brauchen Sie den Topf (bzw. den Sack) eigentlich nur noch zuzumachen.

Wie das funktioniert und welche Fragen zum Einsatz kommen, sehen wir uns am besten exemplarisch an, wie das erste persönliche Gespräch zwischen Paula Pingel und Herrn Stranz verlaufen ist:

Prospect:	*„Guten Tag, Frau Pingel."*
Paula Pingel:	*(überreicht ihre Visitenkarte) „Guten Tag, Herr Stranz. Schön, dass Sie sich Zeit für uns genommen haben. Mir ist wichtig für das heutige Gespräch, dass wir uns kennenlernen. Hier haben Sie meine Karte. Dann wissen Sie, wer mit Ihnen gesprochen hat. Um Sie und Ihre Situation näher kennenzulernen, habe ich ein paar Fragen an Sie."*
Prospect:	*(überreicht seine Visitenkarte) „Schießen Sie los."*
Paula Pingel:	*„Andere Kunden von uns sagen uns, dass die Werbemittel-*

	erfolgskontrolle ein ernst zu nehmendes Problem und einen gewaltigen Kostenfaktor darstellt. Wie sieht Ihre Situation, wie sehen Ihre Erfahrungen damit aus?"
Prospect:	*"Das ist allerdings vollkommen richtig ... (fährt mit der Erklärung der Situation fort) ... daher müssen wir regelmäßig im Quartalsrhythmus riesige Klimmzüge vollführen, um die Ergebnisse präsentierbar aufzubereiten."*
Paula Pingel:	*"Ich verstehe. Die Leistung ihres derzeitigen Systems weicht von ihren Anforderungen recht deutlich ab. Was genau ist nun das Problem und welches Risiko ergibt sich denn für Sie und Ihren Bereich?"*
Prospect:	*"Hm, schwer zu sagen. Wenn hier zwei, drei Leute Schnupfen bekämen, hieße das ... (fährt mit der Erläuterung fort) ... Das wäre schon wenig lustig."*
Paula Pingel:	*"O. K. Das habe ich verstanden ... (fasst das Gesagte noch einmal in anderen Worten zusammen) ... Was wäre denn für Sie und den Bereich die Konsequenz? Welchen Effekt hätte das letztlich?"*
Prospect:	*"Machen wir uns nichts vor ... (beschreibt die Konsequenzen) ... Schlimmstenfalls setzt mein Arbeitgeber mich an die Luft."*
Paula Pingel:	*"Liege ich richtig, wenn ich sage, dass Sie nach einer Lösung suchen, mit der Sie ... (beschreibt die Lösung)?"*
Prospect:	*"Damit liegen Sie sogar goldrichtig."*
Paula Pingel:	*"Herr Stranz, da habe ich etwas für Sie ..."*

Wie ist Paula Pingel vorgegangen? Was nehmen Sie aus dem Gespräch mit? Zunächst einmal hat sie etwas gemacht, das auch Sie beherzigen sollten. Sie hat ihre Visitenkarte gekonnt als Einstieg in das Gespräch verwendet. Übergeben wird diese sowieso meist in irgendeiner Form. Statt diese kommentarlos einem Verkaufsprospekt beizulegen, sollten Sie diese als Aufhänger für Ihre eigene Vorstellung einsetzen. Der Schuss sitzt fast immer und Sie befinden sich bereits da, wo Sie hinwollen: mitten im Gespräch mit Ihrem Kunden.

Mit der Frage „Andere Kunden sagen uns, dass Y ein Problem ist. Wie sehen Ihre Erfahrungen aus?" leitet Paula die Klärung der Situation und der Ausgangslage des Kunden ein. Unter anderem sind weitere Fragemöglichkeiten, um die Hintergründe der zu lösenden Aufgabe zu erfahren:

- „Was sind die Herausforderungen, mit denen Sie zu tun haben?"
- „Welche Schwierigkeiten haben Sie mit Y?"
- „Wie zufrieden sind Sie mit Y?"
- „Inwieweit ist es für Sie schwer, mit Y fertig zu werden?"

Nun paraphrasiert Paula, das heißt, sie fasst das Gesagte ihres Gesprächspartners noch einmal in ihren eigenen Worten zusammen. Sie gibt Herrn Stranz auf diese Weise Gelegenheit zu prüfen, ob sie ihn richtig verstanden hat. Mit der Frage „Was genau ist nun das Problem und welches Risiko ergibt sich denn für Sie und Ihren Bereich?" möchte Paula die Aufgabenstellung verdichten.

Neben weiteren eignen sich folgende Fragen ebenfalls dafür, das zu lösende Problem eindeutig und vollständig zu erkennen:

- „Inwieweit haben Sie mit Ihrem derzeitigen Set-up das Thema Y im Griff?"
- Welche Art von Problemen haben Sie genau beim Thema Y?"
- „Worauf basieren Ihre Schwierigkeiten mit Y?"
- „Was müsste passieren, dass für Sie die Situation mit dem Thema Y nicht mehr zu tolerieren wäre?"

Paula paraphrasiert erneut und beginnt, ihrem Gesprächspartner mit den Fragen „Was wäre denn für Sie und den Bereich die Konsequenz? Welchen Effekt hätte das letztlich?" die Konsequenzen aufzuzeigen. Sie hätte sich neben weiteren auch folgender Fragen bedienen können:

- „Zu welcher Art von Konsequenzen führt Y?"
- „Sie sagen, Sie haben Probleme mit Y. Inwieweit führt das auch zu X?"
- „Welche Wechselwirkungen ergeben sich aus Y für X?"

Schließlich leitet Paula mit der Frage „Liege ich richtig, wenn ich sage, dass Sie nach einer Lösung suchen, mit der Sie …?" dazu über, das Kind beim Namen zu nennen. Die Antwort des Gesprächspartners stellt den Mehrwert dar, den der Kunde als Lösung für sein Problem sucht. Genauso geeignet hierfür sind neben weiteren die folgenden Fragen:

- „Sie sagen mir also, es wäre für Sie hilfreich, wenn Sie …?"
- „O. K. Sie suchen also nach einem Weg, wie Sie …?"
- „Wären Sie demnach interessiert an X?"
- „Wie wichtig ist Ihnen X und warum ist X so wichtig für Sie?"
- „Welches Ergebnis würden Sie mit X erzielen?"
- „Was sind aus Ihrer Sicht die größten Vorzüge von X?"
- „Wie könnte Ihnen X dabei helfen?"
- „Würden Sie X als wesentliche Verbesserung Ihrer Situation sehen?"
- „Wären Sie gerne in der Lage …?"
- „Gibt es noch andere Probleme, bei denen X Ihnen helfen könnte?"

Bei diesem Tennismatch hat Paula Pingel durch geschickte SPIN®-Fragetechnik dem Ball immer wieder neuen Drall verliehen. Ihr Gesprächspartner hat mit seinen Antworten ein ganz konkretes Bedürfnis seinerseits zutage gebracht, auf das Paula Pingel nun konsequenterweise mit einer Präsentation ihrer Lösung reagiert.

Reise(ver)führer für die gelungene Verkaufspräsentation

Nachdem Sie mit SPIN® die richtigen Fragen gestellt und das Bedürfnis des Kunden identifiziert haben, gehen Sie ans Netz, um mit einer überzeugenden Präsentation Ihrer Lösung schließlich den entscheidenden Ball zu schlagen und den Punkt zu machen, um mal im Bild des Tennismatches zu bleiben. Und wie? Kommt nun notwendigerweise immer der große Zampano zum Einsatz?

Die besten Verkäufer beherrschen die Kunst der guten Verkaufspräsentation meist aus dem Effeff. Doch auch die charismatischsten Verkäufer-Typen müssen mehr einsetzen als ihre Ausstrahlung. Nur was? Wortschwall und Multimedia-Bilderschlacht? Die nächste Metapher ist zugegeben etwas gewagt. Und doch ist sie ungemein passend. Schließlich sagte bereits Sigmund Freud, dass Sexualität der Schlüssel zu allem sei. *Sex sells:* Eine gute Verkaufspräsentation läuft demnach ähnlich ab wie ein schöner Abend zweier sich Liebender. Eventuell gipfelt das Ganze darin, dass beide Partner miteinander ins Bett steigen und sich gegenseitig Liebe schenken. Sie erinnern sich sicherlich, wie das bei Ihren ersten Treffen ablief, oder?

Zunächst einmal haben Sie sich überlegt, was der oder dem anderen eigentlich so gefallen könnte. Eventuell haben Sie Bekannte oder Freunde des Subjekts Ihrer Begierde um Rat gefragt. Tanzen? Gutes Essen? Auf eine Party? Oder doch lieber ins Kino? Das heißt, damals sind Sie auf die von Ihnen vermuteten Bedürfnisse der Zielperson eingegangen. Was darf auf keinen Fall passieren, damit der Abend zu einem Erfolg wird? Machen Sie es bei einer Verkaufspräsentation doch einfach genauso.

An „Verhütung" denken

Hüten Sie sich davor …

… die Atmosphäre durch unerwünschte Unterbrechungen zerstören zu lassen, und schalten Sie z. B. Ihr Handy aus.

… direkt zum Ziel zu stürzen. Gehen Sie behutsam vor und holen Sie immer nur die Unterlagen aus Ihrem Koffer, die Sie gerade brauchen.

… dem Kunden gleich seine Dokumentation vorzulegen. Schließlich soll er Ihnen seine Aufmerksamkeit schenken.

… ihre Präsentation Wort für Wort abzulesen. Umschreiben Sie die Inhalte.

… sich dem Kunden gegenüberzusetzen.

… zu komplizierte Inhalte zu präsentieren.

… dem Kunden ins Wort zu fallen oder zu reden, wenn er etwas genauer untersucht.

Bei Ihren ersten *Dates* haben Sie nun üblicherweise die logistischen Voraussetzungen abgestimmt. Wer fährt? Ist etwas mitzubringen usw.? Was spricht dagegen, das im Verkaufsgespräch genauso zu machen?

Dating

- Wie können Sie sich auf das Gespräch und Ihren Gesprächspartner bestens vorbereiten (Inhalte, Präsentation, Mappe mit Unterlagen und gegebenenfalls Muster für den Kunden)?
- Wie kommen Sie dorthin (Zeitrahmen, Logistik, Anfahrt, Parkplatz)?
- Was müssen Sie mitbringen (Präsentationstechnik)?

Um in der Metapher zu bleiben, stellen Sie sich nun vor, Sie und Ihr Date landen nach einem herrlichen Abend gemeinsam auf der Couch oder in der Kiste. Auch diese Situation eignet sich als Analogie für die nächste Stufe der Verkaufspräsentation:

Vorspiel

- Wählen Sie Ihre Position mit Bedacht und setzen Sie sich neben Ihren Kunden oder über Eck. So muss Ihr Kunde keinen Kopfstand machen, um mitzulesen.
- Schaffen Sie alles aus dem Weg, was irgendwie von Ihrer Präsentation ablenken könnte, und holen Sie nur dann etwas heraus, wenn es wirklich zum Einsatz kommen soll.
- Sorgen Sie für knisterndes Prickeln, indem Sie dem Kunden kurz erklären, was Sie präsentieren werden, und bauen Sie so einen ersten Spannungsbogen auf.

Ihr Date ist und Sie sind nun *angeturnt*. Sie beide sind so richtig in Fahrt. Es kommt zum Unvermeidlichen. Genau wie bei einer guten Verkaufspräsentation:

Eindringen

Denken Sie noch einmal an die oben angesprochene „Verhütung"! Diese Punkte sind nun besonders wichtig.

Sorgen Sie dafür, dass auch Ihr Gesprächspartner eine aktive Rolle hat (eine halbe bis dreiviertel Stunde mit Informationen berieselt zu werden, macht den meisten Menschen nur bedingt Spaß).

Behalten Sie die Kontrolle über den Rhythmus. Erhalten Sie die Neugier auf Ihre Lösung aufrecht, indem Sie wohldosiert Effekte einsetzen. Steigern Sie die Spannung, indem Sie die Vorteile Ihrer Lösung folgendermaßen immer stärker in den Vordergrund stellen.

- *„Enthüllen"* Sie Ihrem Kunden die Vorteile.
- *„Erhärten"* Sie durch Vergleiche mit seiner konkreten Situation, warum es echte Vorteile für ihn sind.

- *„Erobern"* des Kunden mit Fragen und Überprüfung, ob er Ihre Beweisführung nachvollziehen kann.
- *„Nähern Sie sich dem Schluss"*. Schenken Sie Ihrem Kunden ruhig die dafür nötige Aufmerksamkeit; nageln Sie ihn zu guter Letzt aber auch mit der Bestätigung fest, dass Ihre Lösung und sein Bedarf deckungsgleich sind.

Genau wie im Bett gibt es ganz sichere Anzeichen, anhand derer Sie erkennen, dass Ihr Kunde nun bereit für den Abschluss ist.

Höhepunkt

Denken Sie *Win-Win* – schließlich wollen Sie beide etwas davon haben. Jetzt ist es ganz wichtig, erste Indizien zu erkennen, indem Sie Ihren Kunden und seine Reaktionen ganz genau beobachten. Wie ist seine Körpersprache? Drückt die Mimik seines Gesichts Aufgeschlossenheit aus? Sendet sein Körper Signale des Interesses? Oder sitzt er kopfschüttelnd mit verschränkten Armen vor Ihnen?

Ein Kunde, der sich nach der Lieferzeit, der Zeit für die Einführung oder nach Ihrem Service-Angebot erkundigt, signalisiert eine hohe Abschlussbereitschaft.

Bringen Sie in so einem Moment noch ein gutes Argument, das Sie sich extra für diesen Augenblick aufgespart haben. Vermeiden Sie jedoch unbedingt, Ihren Gesprächspartner durch Druck oder manipulatorische Gesprächsführung zu früh zum Abschluss zu drängen. Sie riskieren sonst in letzter Sekunde noch einen „Rohrkrepierer"!

Wie bei unserem Vergleichsbild des frisch beendeten Liebesspiels wäre es auch beim Verkaufsgespräch töricht, direkt nach dem Höhepunkt, sprich dem Abschluss, aufzustehen und vom Ort des Aktes zu eilen.

Nachspiel

Wirklich gute After-Sales-Maßnahmen beginnen noch am Verhandlungstisch, während Sie bitte in Ruhe und ohne fluchtartige Hektik zu verbreiten damit beginnen, sich zu verabschieden bzw. Ihre Sachen zusammenzupacken.

Einen Entschluss zu fassen, fällt vielen Menschen schwer. Oft auch sogenannten Entscheidungsträgern. Streicheln Sie die Seele Ihres Kunden deshalb ruhig ein wenig. Gratulieren Sie ihm zum gefassten Entschluss und damit zum Kauf.

Bei Ihrem Kunden stellen sich direkt nach dem Abschluss eventuell bereits wieder leichte Bedenken ein, ob das die richtige Entscheidung war. Sprechen Sie ruhig noch einmal die Vorzüge Ihrer Lösung an. Senden Sie nochmals positive Signale und ersticken Sie eventuell wieder aufkommende Bedenken möglichst schon im Keim.

Enorm wichtig für die Weiterentwicklung Ihrer Fähigkeiten als Verkäufer ist das Einholen von *Feedback*. Machen Sie es sich ruhig zur lieben Angewohnheit, immer zu fragen, ob Ihre Präsentation dem Gesprächspartner gefallen hat.

Sich selbst gratulieren Sie bitte erst später zu Ihrem Vertriebserfolg …

Notgroschen für Preisdiskussionen

Die Geiz-ist-geil-Mentalität, die sich wie ein Virus durch unser Land frisst, infiziert auch den einen oder anderen Ihrer Kunden. So ist Ihnen sicherlich schon im Gespräch die Situation begegnet, dass ein Kunde Ihre Preisvorstellung hinterfragt. („Viel zu teuer!") Und plötzlich befinden Sie sich mitten auf dem Duellierplatz im amerikanischen Western.

Um das Duell für sich zu entscheiden, versuchen Sie in so einer Situation zunächst immer herauszufinden, welchem Preis-Typ Ihr Kunde am ehesten entspricht:

- Typ **„High Noon – 12 Uhr mittags"** – Ihr Kunde setzt Ihnen im Showdown-Duell die Pistole auf die Brust, da er für den Preis einen höheren Nutzen erwartet.

Showdown - "High Noon"

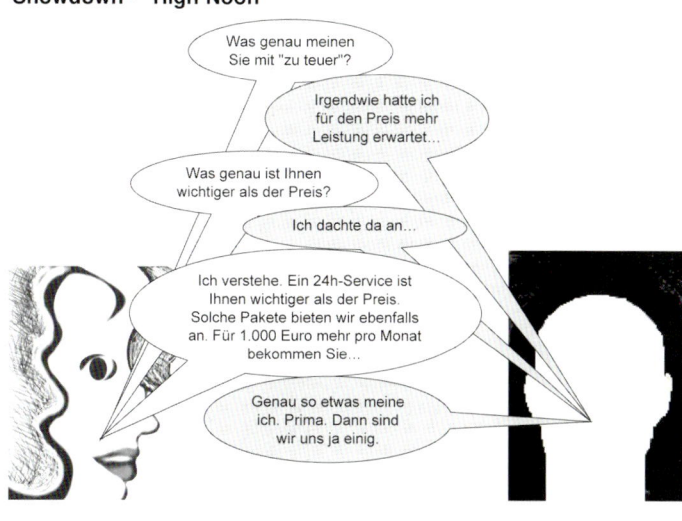

© Joachim Böttcher

- Typ **„Ein unmoralisches Angebot"** – ein Wettbewerber hat ein Angebot

Showdown - "Ein unmoralisches Angebot"

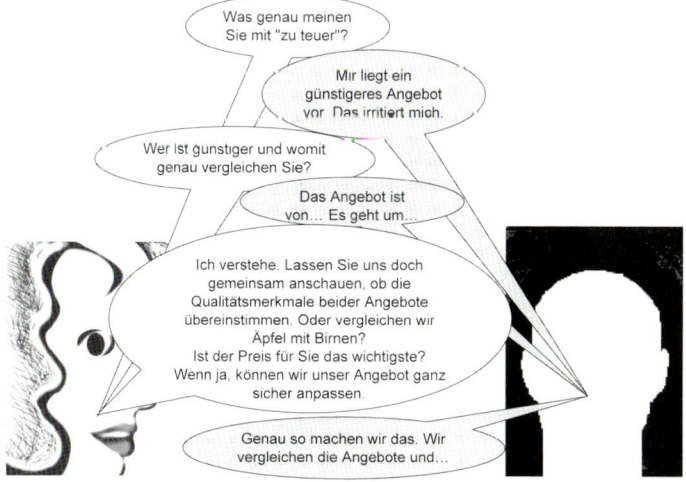

© Joachim Böttcher

- Typ **„Jäger des verlorenen Schatzes"** – Ihr Kunde ist schlicht vom Jagdfieber nach Rabatten infiziert.

Showdown - "Jäger des verlorenen Schatzes"

© Joachim Böttcher

Sie sehen, genau wie der Revolverheld im Western haben Sie eine Waffe in der Hand, mit der Sie den Ball wieder zum Kunden zurückspielen sollten: die Frage. Wer fragt, führt. Lassen Sie sich in dieser brenzligen Situation die Gesprächsführung keinesfalls aus der Hand nehmen.

Wenn Sie Ihren „Notgroschen" aus dem Rucksack holen, sprich: einen Rabatt gewähren, denken Sie immer daran: Ob beim Wandern oder beim Bergsteigen, in beiden Fällen hätten Sie für Ihren Notgroschen auf einer Berghütte auch eine Gegenleistung gefordert.

Freizügig verschenkte Rabatte sind albern und lassen seitens Ihres Gesprächs-partners Zweifel an Ihrer Ernsthaftigkeit und der Ihrer Preispolitik aufkommen. Vielmehr muss es heißen: Geringerer Preis gleich geringere Leistung.

An einem Strang ziehen

Das Seil dient beim Bergsteigen als Sicherung. Durch das Seil sind die Teilnehmer auf einer Bergtour verbunden. Hier gilt wie im Verkauf: Im Verbund lässt sich das Ziel, wenn dadurch auch nicht immer schneller, so doch zumeist wesentlich sicherer erreichen. Nur, was passiert, wenn ein oder mehrere Personen beim Bergsteigen am Seil in unterschiedliche Richtung ziehen? Richtig, es kommt zu Spannungen und schlimmstenfalls stürzt einer oder gar die ganze Truppe ab. Wieder eine Parallele. Wenn eine der Funktionen eines Betriebs damit aufhört, sich profitabel auf die Bedürfnisse der Kunden zu fokussieren, stürzt die Qualität des Produkts und bzw. oder des Service ins Bodenlose. Die Folge: Eine andere Seilschaft eines anderen Unternehmens kommt unter Umständen zum Zug.

FOMPI

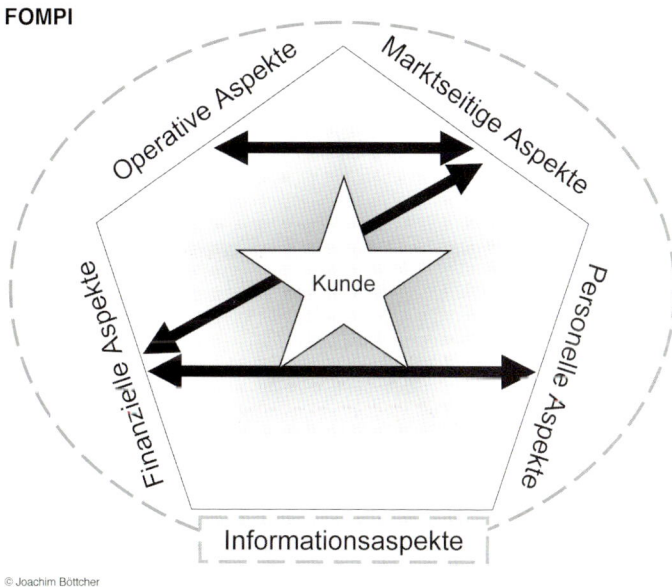

© Joachim Böttcher

Um einen vergleichbar positiven Effekt wie beim Klettern im steilen Gelände in der Seilschaft zu erzielen, müssen die **FOMPI**-Funktionen **F**inance (umfasst alle finanziellen), **O**perations (umfasst alle operativen), **M**arketing (umfasst alle marktseitigen), **P**eople (umfasst alle Personalaspekte) eines Betriebs miteinander verbunden agieren. Der permanente, offene, ehrliche, vertrauensvolle und auf gemeinsame Ziele hin ausgerichtete Austausch von Informationen sollte diese Funktionen im Idealfall umspannen. Unter anderem die moderne IT ermöglicht dies und kittet so heutzutage quasi alles zusammen.

Ziel dieser Verbundenheit ist es, sämtliche Funktionen konsequent am eigentlichen *Star* des Unternehmens, dem Kunden, auszurichten, als ganzheitliches System zu agieren und hinsichtlich dieser Interaktion Synergiepotenziale zu identifizieren und zu verwirklichen. Genau wie in der Synergetik die Gemeinschaftswirkung über die Summe der Leistungen der Einzelnen hinausgeht, lautet die Devise hier: 1+1+1+1+1 = 6.

Die Arbeit an einem Kundenauftrag in seiner Ganzheit meint eine umfassende und vorausschauende Berücksichtigung möglichst aller Aspekte und Zusammenhänge. So lohnt es sich, das für das Unternehmen profitable Ausrichten aller Bereiche an den Zielen des Kunden zur über allem stehenden Regel zu machen.

Der amerikanische Professor Ouchi meinte mit seiner „Theorie Z" zwar etwas völlig anderes, es lohnt sich jedoch durchaus, seine Kernüberlegungen auf das Ziehen an einem Strang bei der Befriedigung von Kundenbedürfnissen zu übertragen. So könnte es Folgendes zum Ziel haben:

- die profitable Ausrichtung am Kunden und an seinen Bedürfnissen in das Zentrum der Entscheidungsfindung zu stellen und die Interessen aller Funktionen dieser unterzuordnen,

- eine möglichst minimale Fluktuation der Kunden und eine möglichst lebenslange Kundenbindung,

- den Mitarbeitern keine formalisierten Verhaltensregeln vorzugeben, sondern ihnen vielmehr sämtliche hierfür notwendigen Kompetenzen zu übertragen und die Beurteilung der Leistung der Mitarbeiter auch hieran zu orientieren,

- eine abteilungsübergreifende Karriere von Mitarbeitern zu fordern und zu fördern, da sowohl das etwas längerfristige Einsatzprinzip der *Job-rotation* als auch das momentbezogene *Wandering around* letztlich ermöglichen, dass durch ein ganzheitliches interpersonales Beziehungsgefüge bestmöglich im Sinne des Kunden und des Unternehmens agiert wird.

Indem Sie ein weiteres Management-Modell, das SERVQUAL-Verfahren, ein wenig zweckentfremden, erhalten Sie fünf Gebote, an denen Sie insbesondere – neben dem übergeordneten Ziel der Profitabilität Ihres Unternehmens – Ihre sogenannten *Client-facing*-Prozesse ausrichten sollten, also die Tätigkeiten, von denen der Kunde wirklich unmittelbar etwas mitbekommt. Sofern Sie diese fünf Punkte beim Design und bei den implementierten Prozessen konsequent befolgen, werden die internen Leistungserbringer anschließend mit hoher Wahrscheinlichkeit so agieren, dass extern vom Kunden das gemeinsame Ziehen an einem Strang in eine einheitliche Richtung wahrgenommen wird:

- *Reliability*: Die im Sinne der internen wie externen Kunden Ihres Unternehmens zeit-, qualitäts- und mengenmäßig korrekte und zuverlässige Ausführung des Auftrags.

- *Assurance*: Hiermit ist gemeint, dem internen wie externen Kunden gegenüber stets kompetent, höflich, aber auch sicher aufzutreten.

- *Tangibles*: Alle mit der Hand greifbaren Bestandteile Ihres Produkts und Ihrer Dienstleistung müssen der erwarteten Wertigkeit des internen wie externen Kunden entsprechen. Hierzu zählen neben dem Produkt auch dessen Verpackung, die Art der Präsentation und Kleidung und äußeres Erscheinungsbild der Mitarbeiter mit Kundenkontakt.

- *Empathy*: Ihre Mitarbeiter müssen Einfühlungsvermögen gegenüber internen wie externen Kunden zeigen.

- *Responsiveness*: Ziel hierbei ist es, aktiv und freundlich auf Kundenwünsche zu reagieren und in der vom Kunden gewünschten Geschwindigkeit die vereinbarte Leistung zu erbringen.

Karabinerhaken zur Kundenbindung

Erinnern Sie sich noch an Sisyphos? Dieser listige Held der griechischen Mythologie hatte es mit seiner Listigkeit zu weit getrieben und durfte zur Strafe in der Unterwelt ständig einen Stein zum Gipfel emporwälzen. Kaum war er oben angekommen, rollte das gute Stück wieder ins Tal. Was hätte er für einen Karabinerhaken gegeben, um den Stein am Gipfel festzumachen!

Auf Ihre Vertriebssituation übersetzt heißt das: Die liebe – leider manchmal auch die loyale – Kundschaft neigt dazu, gleich dem Stein des Sisyphos, zum Teil erschreckend rasch den Weg ins Tal zurückzulegen. Es bedarf oft zahlreicher und größter Anstrengungen, einer ganzen Verkettung von Karabinerhaken, die erreichte Loyalität der verschiedenen Segmente aufrechtzuerhalten. Allerdings ist eine Kette stets nur so stark wie ihr schwächstes Glied. Je höher der Kunde bereits auf dem Weg zum Gipfel geklettert ist, desto anstrengender wird es für Sie, sie oder ihn dort zu halten; desto stärker muss jeder einzelne Karabinerhaken sein. Denn da oben wird die Luft immer dünner.

Auch heute wird verstärkt klassisch nach A-, B- und C-Kunden segmentiert, wobei A die meist wenigen Kunden ausmacht, mit denen wir die häufigsten und höchsten Umsätze pro Kunde machen, und C die meist hohe Anzahl an Kunden reflektiert, mit denen wir oftmals nur ein einziges Geschäft geringer Umsatzhöhe abwickeln. Allerdings lohnt es sich, einmal über den Ansatz einer Segmentierung auf Basis der Loyalität Ihrer Kunden nachzudenken:

Wie bereits mehrfach erwähnt, bieten durch und durch loyale Bestandskunden ein oftmals enorm ergiebiges und kostengünstig zu bearbeitendes Potenzial. Gerade in Zeiten größtenteils gesättigter Märkte, in denen die Akquisition von Neukunden in vielen Branchen völlig ausgereizt erscheint, erfolgt Wachstum heute fast ausschließlich zu Lasten des Wettbewerbers, dem man Kunden abjagt. Bitte verinnerlichen Sie, dass auch Sie und Ihr Unternehmen dieser Wettbewerber sein können, dem die Kunden davonlaufen, weil enttäuschte Kunden durch üble Nachrede Ihr Image empfindlich angreifen und so negative Stimmung machen.

Richtige Erstnutzer sind heute ohnehin zu einer eher seltenen Spezies geworden Daher sind der Auf- und Ausbau eines profitablen Stammkundengeschäfts und eines systematischen Empfehlungsmarketings in hohem Maße erstrebenswert.

Folgende von der klassischen ABC-Kundensegmentierung abweichende Kategorien sind zu überlegen:

- Ganz und gar loyale Kunden
- Einigermaßen loyale Kunden
- Illoyale Kunden

Schreiben Sie die Eigenschaften, die Ihrer Meinung nach einen vollkommen loyalen Kunden ausmachen, ruhig auf. Mit diesem Wissen können Sie sich dann noch gezielter auf die Jagd nach neuen Kunden machen. Bei denen steigt die Wahrscheinlichkeit, dass daraus letztlich auch loyale Kunden werden.

Im Umkehrschluss lernen Sie dadurch die Kriterien von Kunden kennen, bei denen Sie mit Ihren Bemühungen, einen loyalen Kunden zu erzeugen, voraussichtlich auf Granit beißen werden. Diese Kaste sollten Sie in Zukunft meiden. Vergebene Liebesmühe! Denn diese Kunden verlieren Sie ohnehin bei der nächsten Rabattaktion eines Wettbewerbers.

Loyale und zufriedene Kunden reden gerne über ihre positiven Erfahrungen. Zu dumm, noch viel lieber reden unzufriedene Kunden über ihre schlechten Erfahrungen. Eine gute Lösung ist heute Grundvoraussetzung, um auf Kunden zuzugehen. So richtig überzeugen werden Sie erst, wenn Ihr gesamtes am Markt angebotenes Paket aus Lösung und Service den Bedürfnissen Ihrer Kunden entspricht.

Folgende zwei Maßnahmen sind daher wichtig:

- Ermitteln Sie die Empfehlungsrate
- Steigern Sie diese Empfehlungsrate

In einem modernen Unternehmen sollten alle Tätigkeiten konsequent auf die Identifikation und langfristige Befriedigung der Kundenbedürfnisse ausgerichtet sein. Es heißt schließlich völlig zu Recht, dass der Kunde König sein soll. Daher stellt die Empfehlungsrate heutzutage eine immens wichtige betriebswirtschaftliche Kennzahl dar. Verinnerlichen Sie ruhig: Werden die Produkte und Dienstleistungen Ihrer Firma heute häufig empfohlen, sind diese *empfehlenswert*. Das ist im Wortsinn zu verstehen: sie sind es auch wirklich „wert, empfohlen zu werden". Wer dagegen heute nicht mehr empfohlen wird, wird morgen voraussichtlich bereits auch schon nicht mehr gekauft.

Doch wie ermitteln Sie die Empfehlungsrate? Die Dinge, die Sie in Erfahrung bringen möchten, sind die prozentuale Anzahl der Kunden, die Sie empfehlen, die Anzahl der Kunden, die aufgrund einer Empfehlung Kunde geworden sind, und jeweils die Gründe dafür. Nun können Sie einerseits teure Marktstudien kaufen und diese rauf und runter analysieren, andererseits liefert auch folgende im Prinzip simple Vorgehensweise recht verlässliche Informationen: Bauen Sie am Ende Ihres Verkaufsprozesses einfach zwei immer gleichlautende Fragen ein, die konsequent erhoben werden, z. B.:

- Wie sind Sie auf die Produkte und Dienstleistungen unseres Unternehmens aufmerksam geworden und welche Gründe gaben den Ausschlag für Ihren Kauf?
- Wie wahrscheinlich ist es, dass Sie unsere Produkte und Dienstleistungen an jemand anderen weiterempfehlen werden, und warum?

Die Frage nach dem „Warum?" ist bei der Steigerung der Empfehlungsrate von besonderer Bedeutung. Hiermit bringen Sie die sogenannten *order winning criteria* zutage, die Eigenschaften Ihrer Lösung bzw. Ihres Angebots, die für den Kauf ausschlaggebend sind bzw. im Falle des befragten Kunden waren.

Ziehen Sie den Kreis um das „Warum?" immer weiter, steckt darin enorm wertvolles Potenzial für den Prozess des Lernens und der kontinuierlichen Verbesserung Ihrer Organisation durchaus auch in vielen kleinen Schritten (das ist zumindest teilweise das, was die Japaner *Kaizen* nennen). Aus den gewonnenen Erkenntnissen lassen sich unter Umständen konkrete Kunden-bedürfnisse und gleichsam mitunter direkte Handlungsempfehlungen ableiten. Fragen Sie daher ruhig auch einmal nach:

- Wenn es etwas gäbe, für das Sie uns 100-prozentig weiterempfehlen würden, was wäre das?

Das Ganze funktioniert natürlich auch umgekehrt, indem Sie versteckt nachfragen, was auf gar keinen Fall passieren darf:

- Nur mal angenommen, es gäbe da etwas, weswegen Sie uns niemals weiterempfehlen würden. Welche Sache wäre das?

Mit den Ergebnissen dieser Fragen können Sie nahezu unmittelbar eine Initiative starten, um schwächere Glieder in der Kette zu beseitigen – und so die Empfehlungsrate weiter steigern.

Eine weitere wichtige Quelle für das Aufzeigen von Produkt- und Dienstleistungsmängeln und damit für Verbesserungspotenziale sind direkte Beschwerden von Kunden. Und genau als solche sollten Sie sich beschwerende Kunden auch behandeln: als nach wie vor wertvolle Kunden. Immerhin nehmen diese Zeit auf sich, Sie anzurufen oder Ihnen gar einen Brief zu senden. Schicken Sie diese nicht am Telefon von Pontius zu Pilatus und speisen Sie sie nicht als notorisch unzufriedene Nörgler und Meckertanten ab.

Sehen Sie sich beschwerende Kunden vielmehr als kostenlose Consultants und potenziell hochloyale Kunden an. Die Vergangenheit hat gezeigt, dass Kunden, deren Beschwerde zu deren Zufriedenheit gelöst wurde, mitunter eine besonders starke emotionale Bindung zum Unternehmen aufweisen – sie sind loyaler als solche, die nie einen Grund zur Beschwerde hatten.

Ihr oberstes Ziel bei einem sich beschwerenden Kunden muss sein, die Deckungsgleichheit zwischen der (von Ihnen bzw. Ihrem Unternehmen enttäuschten) Erwartung des Kunden und dem tatsächlichen Kundenerlebnis hinsichtlich der Qualität der von Ihnen gekauften Lösung wiederherzustellen. Hierfür müssen Sie:

- Verständnis für die Kundensituation zeigen und der Sache nachgehen,
- die Qualität im Sinne des Kunden erhöhen bzw. nachbessern,
- eventuell negative Auswirkungen auf Seiten des Kunden glattstellen bzw. zumindest einverträglich reduzieren,
- glaubhaft und zuverlässig dafür sorgen, dass ein vergleichbares negatives Erlebnis beim Kunden künftig ausgeschlossen ist.

Auch heutzutage endet leider in vielen Unternehmen das Thema Vertrieb immer noch mit der Akquisition des Neukunden. Getreu dem Motto: Wenn ich vorne ordentlich Kunden hineinschaufele, können hinten ruhig ein paar herausfallen. Oder anders: Zwei Schritte vor und mindestens einer zurück. Doch nur wer es schafft, die Loyalität seiner Kunden zu gewinnen und diese dauerhaft zu bewahren, steigt langfristig immer höher auf dem Berg des Erfolgs – und wird dort auch bleiben. Sie oder er macht potenziell mehr Umsatz und reduziert dabei eventuell die Stückkosten. Die höhere Marge kann wiederum in die weitere Steigerung der Kundenloyalität investiert werden: z. B. durch Innovationen, durch kundenorientiert denkende und arbeitende Mitarbeiter, durch noch besseren Service und zur Förderung der Loyalität geeignete Marketingmaßnahmen.

Auf die in diesem Kapitel beschriebene Weise können Sie es schaffen – als ein von Ihrem Netzwerk geschätzter Vertriebs-Profi –, Ihr Unternehmen mit dem zu versorgen, was es zum Überleben am nötigsten braucht: mit Geld, sprich mit positiven Zahlungsströmen. Da Sie auch im Privaten darauf angewiesen sind, dass Ihnen finanziell nicht die Puste ausgeht, zeigt das nächste Kapitel Ihnen Wege auf, wie Sie Ihre privaten Finanzen und Zahlungsströme in den Griff bekommen können.

KAPITEL 8

Ordnung für Ihre privaten Finanzen

Um wirtschaftlich dauerhaft zu überleben, müssen Sie im Leben eigentlich nur eine einzige Regel beherzigen: Sie müssen im Verlauf der Zeit weniger ausgeben, als Sie einnehmen. Doch dazu müssen Sie erst einmal den Überblick über Ihre Zahlungsströme haben oder eben wiedererlangen. Der kreative Rechtshirn-Typ neigt zumindest latent eher zur Ordnungslosigkeit. Zudem lässt er sich durchaus selbst bei Finanzentscheidungen auch noch eher von Emotionen steuern. Kurzum: Er ist hier besonders gefährdet, den Überblick zu verlieren oder z. B. auf der Jagd nach fantastischer Rendite eine unsachliche Anlageentscheidung zu treffen, um dann damit voll auf die Nase zu fallen.

Einer, der beim Thema Geld mit allen Wassern gewaschen ist, ist Dagobert Duck. Stellen Sie sich vor, er, Herrscher über ganze Geldspeicher voller Kreuzer und Taler, hätte Sie zu mehreren Gesprächen über private Finanzen eingeladen. Zunächst zeigt er Ihnen folgendes Bild:

Das magische Dreieck

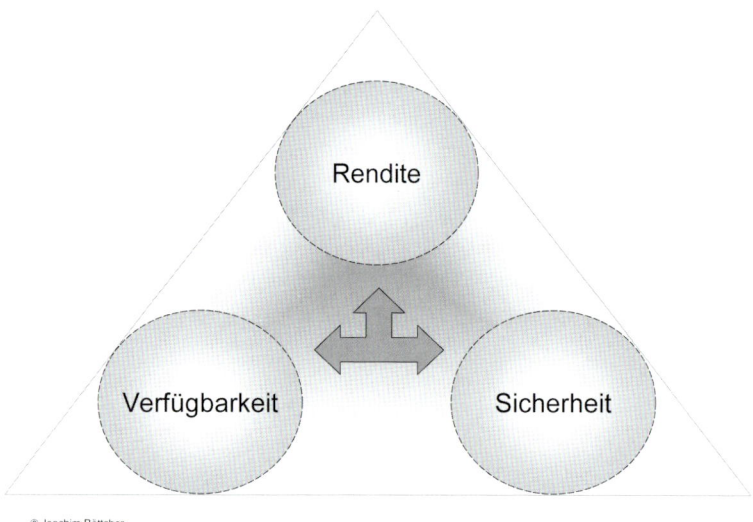

© Joachim Böttcher

„Rendite, Sicherheit und Verfügbarkeit stehen in einer Art Dreiecksverhältnis (‚magisches Dreieck‘)", beginnt er. *„Willst du mehr Rendite, geht dies meist zu Lasten der Sicherheit und Verfügbarkeit deines Geldes."* Schon wer sein Vermögen weniger liquide anlege, bekäme meist ein paar Taler mehr, fährt er fort. Dieser Zusammenhang sei fast so etwas wie ein Naturgesetz. Oder anders: Wenn jemand Traumrenditen bei null Risiko verspreche, verschweige dieser Jemand ganz sicher etwas.

Deshalb nennt er seine erste Grundregel für private Finanzen:

- ***„Frage!** Lass dir die jeweilige Finanzlösung genau erklären. Schließe wirklich nur ab, was du auch wirklich verstehst!"*

Alle Anbieter von Finanzdienstleistungen seien grundsätzlich verpflichtet, sich an den individuellen Bedürfnissen ihrer Kunden zu orientieren, deren ganz persönlichen Risikoappetit zu erfragen und das alles auch noch zu dokumentieren, so Dagobert Duck weiter. Folglich seien ihre Ziele und Wünsche zu erfragen und sie über alle Risiken des jeweiligen Geschäfts vollumfänglich aufzuklären.

„In der Praxis begegnen mir aber immer wieder Fälle, in denen die Abfrage der Ziele und Wünsche irgendwie ‚übersprungen‘ wird. Die sogenannten Risiko-Bögen werden Kunden auf die Schnelle untergejubelt. („Sie müssen da noch was unterschrieben, ausgefüllt habe ich das schon für Sie.“) Wenn ein vermeintlicher Berater so mit dir verfahren sollte, kannst du auf ihren oder seinen Rat getrost verzichten. Zeige der Dame oder dem Herrn am besten gleich den Weg zur Tür! Vertriebsdruck in der Finanzbranche hin oder her. Er oder sie führt gewiss nichts Gutes im Schilde.“

Er überlegt noch einmal kurz und nennt Ihnen dann Grundregel zwei für Ihre privaten Finanzen:

- ***„Sage auch mal ‚Nein‘!** Schließe wirklich nur Dinge ab, die mit deinen ganz persönlichen Zielen und Wünschen und ganz besonders mit deiner Bereitschaft, Risiken zu tragen, im Einklang stehen!“*

Dagobert Duck holt tief Luft und fährt fort: *„Wenn ich etwas plane, insbesondere bei meinen Finanzen, versuche ich gedanklich die Zukunft vorwegzunehmen. Hierfür schaue ich mir verschiedene Handlungsalternativen an und entscheide mich für den voraussichtlich günstigsten Weg. Du wirst dich nun fragen: ‚Welcher Weg ist der richtige?‘ Schließlich gilt es, dem eigenen Vermögen eine Struktur zu verpassen und es zu verwalten. Dann gibt es bei dir eventuell Risiken, die versichert werden wollen. Eventuell wohnst du in den eigenen und – da fremdfinanziert – doch nicht so eigenen vier Wänden. Oder es existieren vermietete Immobilien. Eventuell bist du ja selbstständig und es kommen auch noch finanzielle Fragen wie die Finanzierung des Gewerbes oder Nachfolgeplanung hinzu. Oder, oder, oder.“*

Dagobert Ducks Miene wird einen Moment finster, dann fügt er hinzu: *„Und dann kennst auch du sie alle: den Immobilien- oder den – ach, der ist ja so nett – Versicherungsmakler. Die Medien werfen dich mit Informationen zu und dann ruft ständig dieser nervige Bankberater an. Der Steuerberater und eventuell dein Anwalt wollen mitmischen. Und zu guter Letzt reden die Familie und gute Freunde auch noch ein Wörtchen mit. Bloß, wem kannst du da trauen?“*

Wieder überlegt er einen Augenblick und nennt dann seine dritte Grundregel für private Finanzen:

> • **„Lass dich beraten!** *Such dir jemanden, der von privaten Finanzen wirklich etwas versteht und dem du bei allen Fragen rund um dieses Thema wirklich vertrauen kannst. Suche dir jemanden, der nach hohen Standards arbeitet und der immer dann einen Spezialisten hinzuzieht, wenn es nötig oder sinnvoll scheint."*

Zum Abschluss des ersten Gesprächs nennt er Ihnen einen Kontakt, bei dem Sie Adressen von professionellen und seriösen Finanzberatern erhalten, die allesamt einen strengen Zertifizierungsprozess zum CFP® (Certified Financial Planner oder CFEP® (Certified Foundation and Estate Planner) durchlaufen haben. Der Kontakt ist das Financial Planning Standards Boards Deutschland e. V. Dieser Verband versteht sich als der führende Qualitätswächter für Finanzberatung und arbeitet nach strengen Berufsgrundsätzen und Ethikregeln.

Financial Planning Standards Board Deutschland e. V.
www.fpsb.de

Am nächsten Morgen beginnt Dagobert Duck Ihr nächstes Gespräch über private Finanzen bestens gelaunt. Er weist Sie auf die Notwendigkeit hin, sich auch in diesem Bereich des Lebens über die persönlichen Ziele klar zu werden. *„Du musst dir einige entscheidende Fragen stellen"*, sagt er und formuliert diese auch gleich für Sie:

> • *„Was konkret willst du mit meinen persönlichen Finanzen erreichen?"*
> • *„Wie merkst du, ob du an deinem Ziel angekommen bist?"*
> • *„Inwieweit ist das realistisch?"*
> • *„Bis wann willst du das geschafft haben?"*

Diese Ziele seien meist recht komplexe Gebilde, sie seien vielschichtiger Natur und zögen meist einen Rattenschwanz an Implikationen nach sich. *„Es ist halt schon ein gewaltiger Unterschied, ob du deine Vorsorge für den Ruhestand,* das Senken deiner Steuerlast oder die finanzielle Unabhängigkeit im Visier hast", sinniert er und fügt lächelnd hinzu: „Oder ob du zum Ziel hast – wie ich –, jeden Tag ein Geldbad zu nehmen. – Hör mal. Nur wenn du dir über diese Ziele klar wirst, kannst du diese jemandem mitteilen. Nur wenn du deine Vorstellungen klar mitteilen kannst, kann sie ein Profi verstehen und dir helfen. Oder anders: Du wirst deine Ziele sehr viel eher auch erreichen können."

Dann nimmt er Ihre Hand und führt Sie zu seinem Allerheiligsten, dem Eingang zu seinem Geldspeicher, und öffnet die Tür. „Vor dir liegt nahezu unvorstellbar viel Geld. Ein guter Berater müsste bei mir wie bei dir zunächst eine von drei Aktivitäten durchführen. Er müsste Bilanz ziehen und versuchen, alle Vermögenswerte und Verbindlichkeiten lückenlos zu erfassen. Auf diese Weise kann der Berater die Höhe des Vermögens oder eben die Höhe der Schulden ermitteln. Daneben erfährt er noch etwas über die Struktur des Vermögens und ob daraus bereits Risiken erwachsen, zum Beispiel Klumpenrisiken. Wahrscheinlich wird er dir ein paar schicke Tortendiagramme malen." Er legt die Stirn in Falten und spricht wieder einen Rat aus:

- „Bitte deinen Berater, einmal **Bilanz zu ziehen!**"

Dagobert Duck sieht, dass Sie beeindruckt sind, und führt Sie an ein riesiges Gebilde, bestehend aus einem überdimensionalen Trichter und sechs gigantischen Wasserhähnen.

„Genauso wichtig wie die Kenntnis der Struktur deines Vermögens ist das Wissen um deine Cashflows, deine Zahlungsströme, und ob diese einen Gewinn abwerfen, sich dein Vermögen also mehrt, oder ob sie Verluste erzeugen, du also Vermögen verzehrst. Stell dir einfach einmal vor, du schmeißt das Geld aller deiner Einkunftsquellen in diesen großen Trichter hier. Als Geizhals stehe ich mit den Geldhähnen da unten natürlich auf Kriegsfuß. Sie symbolisieren die Dinge, für die wir üblicherweise unser Geld ausgeben. Da wäre zunächst der große Batzen für die **Lebenshaltung** (Lebensmittel, Kleidung usw.). Dazu kommen z. B. **Mietkosten**, Ausgaben für **Hobbys**, die Gestaltung der **Freizeit** und **Kulturangebote** sowie die Ausgaben für den regelmäßigen **Urlaub**.

Das Beste für dich wäre, wenn du das kleine bisschen Disziplin an den Tag legst und beginnst, ein Haushaltsbuch zu führen. Das kann natürlich auch eine *andere Person im Haushalt übernehmen. So erfährst du zum Beispiel auch recht schnell, ob du einen Betrag zum Sparen hast, oder andernfalls, warum am Ende des Geldes immer noch so viel Monat übrig ist. Dann musst du halt schauen, ob du einen oder mehrere Hähne ein wenig zudrehen kannst."* Wieder verharrt er kurz, räuspert sich und spricht seinen Rat aus:

- *„Führe ein **Haushaltsbuch** oder – noch besser – lass dir dabei helfen. Werde dir klar darüber, wie viel Geld du in einem Monat und Jahr einnimmst und wie viel du wieder ausgibst!"*

„Da ist schließlich noch eine Sache, die ein guter Finanzplaner mit dir besprechen wird. Er wird deine privaten Risiken anschauen. Auch das beinhaltet eine Gewinn- und Verlustrechnung. Nun allerdings wird er eventuelle Versicherungsleistungen mit einbeziehen und die Tatsache, dass es bei Eintritt des Versicherungsfalls zu einer Veränderung insbesondere der Einnahmensituation gekommen sein dürfte. Ganz besonderes Augenmerk sollte er hierbei den Risikofällen Tod, Krankheit, Invalidität und Berufsunfähigkeit schenken." Wieder gibt Dagobert Duck Ihnen einen Rat:

- *„**Sichere dich** gegen private Risikofälle **ausreichend ab**, damit im Falle eines Falles weder du noch Angehörige im Regen stehen!"*

„Jetzt hast du meine Tipps bekommen. Doch einen Hinweis habe ich noch. Vielleicht fragst du dich ja, was du machen sollst, wenn das Kind bereits in den Brunnen gefallen ist?", so Onkel Dagobert weiter. Wenn etwas in *„good old Germany"* Hochkonjunktur habe, dann seien es private Insolvenzen. Mehr als drei Millionen Haushalte in Deutschland seien überschuldet. Ein Hauptgrund sei der oft schludrige Umgang mit Geld.

Dann bewertet Dagobert Duck folgende Spielarten des Zahlungsverkehrs, die seiner Meinung nach gefährliches Potenzial haben, die Schulden eines Verschuldeten weiter zu mehren:

- *„Der **Dispositionskredit**: Klingt zunächst superbequem, frisst jedoch über die sehr hohen Zinsen enorm viel von deinem sauer verdienten Geld auf. Keinesfalls solltest du einen solchen Kredit dauerhaft mit dir herumschleppen."*

- *„Die **Kreditkarte** und **Versandhauskauf**: In beiden Fällen verlierst du hübsch schnell den Überblick über deine Finanzen."*

- *„Der **Ratenkredit**: Heute geht es ganz schnell, deinen Träumen durch diese Finanzierungsform näherzukommen. Wenn du nicht aufpasst, übersteigt die Summe der Raten aller Kredite dann fast ebenso schnell deine Finanzkraft, und diese Art der Finanzierung entpuppt sich als Albtraum. Schlimmstenfalls gehst du – wenn du den Überblick längst verloren hast – sogar noch weiter auf Einkaufstour."*

Dann sieht Onkel Dagobert Ihnen ganz tief in die Augen und sagt: *„Von mir wirst du keinen Kreuzer bekommen. Schließlich habe ich den Ruf zu verteidigen, der größte Geizhals aller Zeiten zu sein. Viel wertvoller sind meine Tipps, wie du aus dem Schuldenstrudel möglicherweise aus eigener Kraft wieder herausschwimmen kannst."*

- *„Tilge so schnell wie möglich deinen Dispositionskredit – so vermeidest du die horrenden Zinsen. Am besten geht das, wenn du schon vorher einen kleinen Notgroschen für diesen Fall zurückgelegt hast (z. B. angelegt in einem Geldmarktfonds)."*

- *„Wie oben angesprochen, solltest du ein Haushaltsbuch über deine Ausgaben führen. Nur so merkst du, wohin dein Geld eigentlich verschwindet. Am besten behältst du den Überblick, wenn du alles nur noch in bar bezahlst."*

- *„Denke auch immer daran, dass leider gerade das Geschäft mit Verschuldeten ein für unseriöse Finanzberater äußerst lukratives ist. Nie, nie, niemals solltest du mit privaten Kredithaien in Kontakt treten, die dir sogenannte ‚Schufa-freie' Darlehen vermitteln wollen."*

Bisher haben Sie sich und andere besser kennengelernt und wissen nun theoretisch auch, wie Sie erfolgreiche Teams zusammenstellen und miteinander *verlinken* können. Ferner haben Sie sich mit der Vollendung Ihrer Kommunikationskünste beschäftigt, damit, wie Sie Ihre Haut noch besser zu Markte tragen können und wie Sie den Überblick über Ihre Finanzen erlangen und auch behalten können. Das alles gehörte zum Pflichtprogramm.

Im nächsten Kapitel wenden wir uns der Kür zu. Hier erhalten Sie in einer Tool-Box Werkzeuge, mit denen Sie Ihre Kernkompetenz, Ihre Business-Kreativität, weiter steigern und verfeinern können. Oder anders: wie Sie noch schneller und systematischer zu Geistesblitzen kommen, um daraus auch etwas Verwertbares zu erschaffen.

KAPITEL 9

Tool-Box: Geistesblitze mit Methode

Kennen Sie Wayne Gretzky? Für viele Eishockey-Fans ist er der größte Eishockey-Spieler aller Zeiten. Ihm zu Ehren sperrte die National Hockey League (NHL) sogar seine legendäre Rückennummer 99 für alle künftigen Spieler der Liga. Auf das Geheimnis seines Erfolgs angesprochen, sagte er nur lächelnd: *„Alle haben immer versucht, da zu sein, wo der Puck ist. Ich jedoch habe immer überlegt, wo der Puck wohl als Nächstes sein wird. Dort bin ich hin und war folglich immer vor den anderen da."*

Warum dieser Ausflug in die Welt des Eishockey? Er ist ein hervorragendes Beispiel, um zu belegen, worum es bei dieser Tool-Box und den angebotenen Werkzeugen gehen wird. Jemand sprüht vor Ideen und erfindet z. B. im Falle Wayne Gretzkys eine völlig neue Art, im Eishockey zu stürmen. Doch es braucht mehr als die bloße Idee, die **Invention**, um an die Spitze zu gelangen. Erst wenn diese Idee konsequent umgesetzt und wirtschaftlich verwertet wird, handelt es sich um eine **Innovation**. So hatte Wayne Gretzky letztlich mit vielen revolutionären *Inventions* eine bis dahin einzig- und neuartige Spielweise im Eishockey entwickelt.

Diese neue Spielweise setzte er dann so konsequent als *Innovation* um, dass er 894 Tore in der NHL erzielte – ein übrigens bis heute ungebrochener Rekord – und ganz nebenbei sehr viel Geld damit verdiente.

Worum geht es hier? Um im Bild des Eissports zu bleiben, geht es darum, nach der Pflicht Ihre Kür zu verbessern. Sie sprudeln vor Ideen und Ihre Geschäftspartner schätzen Sie schon jetzt aufgrund Ihrer außergewöhnlichen Business-Kreativität. Und doch gibt es auch hier Mittel und Wege, in dieser Disziplin sogar noch besser zu werden. Dieses Kapitel stellt Ihnen den Prozess der Kreativität und begleitende Tools zur Verfügung, mit denen Sie Ihre Innovationskraft noch besser für den beruflichen Erfolg einsetzen können.

Kreativität als Prozess

⑤ Planung und Umsetzung

④ Entscheidung / Selektion

③ Gruppierung der kreativen Ideen

② Entwicklung kreativer Ideen

① Definition der zu lösenden Aufgabe

© Joachim Böttcher

In „Tools zur Verbesserung kreativer Abläufe" werden Sie die „drei-Stühle-Methode" nach Walt Disney, die „sechs Denkhüte de Bonos" und die Technik der *„Cartoon-Storyboards"* kennenlernen, mit denen Sie lernen, auf dem Weg zu einer Innovation diese von der Idee bis zur Realisierung immer wieder von verschiedenen Blickwinkeln aus zu betrachten, Ihr Bewusstsein zu überlisten und Ihr Unterbewusstsein stärker zu aktivieren. Und so gelangen Sie zu noch besseren Lösungen.

Gerade Sie als Kreative neigen dazu, Ideen einfach sprudeln zu lassen und so auch schon mal am eigentlichen Problem vorbeizuarbeiten. Mit „Hilfen zur Definition der kreativ zu lösenden Aufgabe" erhalten Sie Techniken wie das „Paraphrasieren", „Fokussieren" (*Focusing*) und „*Reframing*". Mit denen fällt es leichter, sich dem Kern des Problems erstmals – oder eben wieder – zu nähern.

„Techniken zur Erzeugung kreativer Ideen" stellt neben weiteren Tools die „W-Fragetechnik", das „Notiz"- und das „Traumtagebuch" und „Wünsch-dir-was" vor. Ein Aspekt dieser Techniken ist die Bewusstmachung und die aktive Nutzung des Unterbewusstseins.

„Methoden zur Gruppierung kreativer Ideen" sollen eine erste Ordnung in die Ideen bringen. Da Ihnen die Ordnungsliebe bekanntermaßen zumindest latent ein wenig abgeht, eignen sich hierfür Methoden, die beide Gehirnhälften ansprechen und Ihnen somit auch Spaß machen, wie das „Mind-Mapping®" des Briten Tony Buzan und das „Fishbone-Diagramm".

Da bei den meisten außerordentlich Kreativen oft auch eine Entscheidungs-schwäche vorliegt, werden Ihnen einige „Wege zur besseren Entscheidungs-findung" künftig sicher helfen. Hierfür lernen Sie Vorgehensweisen wie z. B. das „Punktklebeverfahren", das „Finden von Vor- und Nachteilen" und „Paar-vergleiche". So erfahren Sie auf kurzweilige Weise Hilfe bei der Entscheidung, welche der Ideen Sie denn nun in die Tat umsetzen sollten.

„Allgemeine Planungsinstrumente" führt Sie z. B. in die „Critical-Path-Analyse" ein. Hierbei identifizieren Sie – wie ein Detektiv – für Ihre Aufgabe sogenannte Meilensteine, deren Erreichen zur Erfüllung der Aufgabe notwendig ist. Dann überlegen Sie, welche Aufgaben für das Erreichen dieser Meilensteine zu erbringen sind und ob einige dieser Aufgaben eventuell überlappend ausgeführt werden können.

Zu guter Letzt bereiten Sie sich auf die Präsentation und Verteidigung Ihrer Idee vor. Hierfür verpassen Sie ihr durch „*Bullet-proofing*" eine „kugelsichere Weste", das heißt, Sie versuchen diese vor offenen Salven, Querschlägern (sprich Kritik und Anfeindungen von außen) zu schützen, indem Sie diese kugelsicher (neudeutsch: *bullet-proof*) machen.

Doch nun zu den Werkzeugen in der Tool-Box.

Tools zur Verbesserung kreativer Abläufe

Die Drei-Stühle-Methode (nach Walt Disney)

Hintergrund

Robert Dilts, einem der Begründer der neurolinguistischen Programmierung (NLP), ist die Dokumentation und Verfeinerung einer Kreativitätstechnik zu verdanken, mit der Walt Disney seine Ideen produzierte.
Menschen, die mit Walt Disney zu tun hatten, sprachen von drei „Rollen", in denen sich Hollywoods Meister des Zeichentrickfilms bewegte:

- Träumer („Daniel Düsentrieb")
- Realist („Dagobert Duck")
- Kritiker („Miss Daisy")

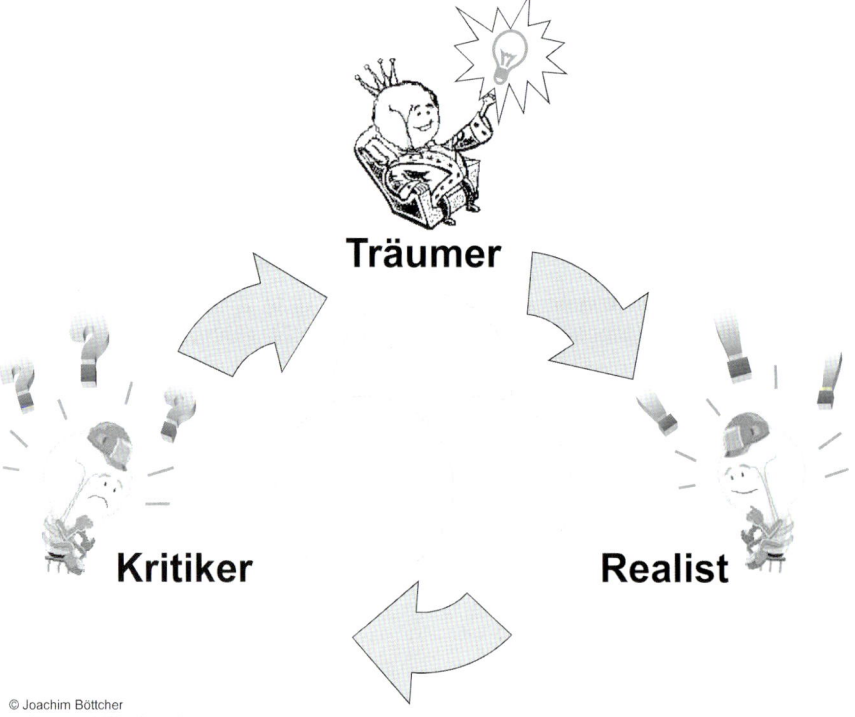

Träumer

Kritiker

Realist

© Joachim Böttcher

Material

Die Drei-Stühle-Methode können Sie auf mehrere Arten praktizieren. Sie können – wie Walt Disney – im Büro drei separate Räume oder optisch deutlich voneinander abgegrenzte Bereiche schaffen und diese entsprechend einrichten und bezeichnen. Genauso gut funktioniert es mit drei möglichst unterschiedlichen Stühlen (z. B. einem Thron für den Träumer, einem normalen Bürostuhl für den Realisten und einem einfachen Hocker für den Kritiker). Zur Not geht es auch mit Bildern (zum Beispiel mit denen in der Grafik), die Sie auf festerem Papier ausdrucken oder auf Pappe aufziehen können. Anfangs sollten Sie auf jeden Fall einen optischen Anhaltspunkt haben, z. B. einen Zettel an der Wand, der Ihnen hilft, in Ihre jeweilige Rolle zu finden.

Durchführung

Beim ersten Versuch starten Sie am besten, indem Sie oder die Teilnehmer der Gruppe probeweise in die jeweiligen Rollen schlüpfen. Üben Sie auf dem Träumer-Stuhl und stellen Sie sich vor, Sie seien „Daniel Düsentrieb", der Erfinder mit grenzenlosen Möglichkeiten. Dann versuchen Sie, sich auch auf die Plätze des Realisten (als „Dagobert Duck") und auf den des konstruktiven (!) Kritikers („Miss Daisy") einzustellen. Sofern Sie die Methode mit einer Gruppe durchführen, geben Sie nach der oben beschriebenen Aufwärmphase die Aufgabenstellung bekannt.

Dann geht es auf den Träumer-Stuhl. Es darf nach Herzenslust gesponnen werden. Alle Ideen, auch noch so chaotische und auf den ersten Blick abwegig erscheinende, dürfen völlig kritikfrei geäußert werden. Und es sollten unbedingt auch alle Ideen notiert werden.

Im Anschluss daran geht es auf den Stuhl des Realisten. Der Realist zieht sich mit den gewonnenen Ideen zurück und stellt folgende Fragen:

- Welche Fähigkeiten werden für die Umsetzung der jeweiligen Idee benötigt (Mitarbeiter, Techniken, Fachwissen etc.)?
- Was davon ist unter Umständen bereits vorhanden?
- Was davon fehlt? Wie groß ist diese „Lücke" (*Gap*-Analyse)?
- Wie fühlt sich diese Idee an?
- Inwieweit kann die Idee getestet werden?

Nach einem ersten ausgiebigen Test in Gedanken geht es auf den Stuhl des Kritikers, dem jede Idee zur konstruktiv kritischen Beurteilung vorgelegt wird. Der Kritiker versucht, folgende Fragen zu beantworten:

- Welche Chancen und Risken gehen von dieser Idee aus?
- Wie kann die Idee weiter verbessert werden, um aus diesen Chancen Geschäftspotenziale zu machen bzw. um diese Risiken zu minimieren?
- Was wurde bei der Idee eventuell noch übersehen (politische Hürden, rechtliche Beschränkungen etc.)?

Diesen Kreislauf sollten Sie (und gegebenenfalls die Gruppe) zu einer Aufgabenstellung ruhig mehrfach durchlaufen. Der Prozess ist dann abgeschlossen, wenn alle relevanten Fragen beantwortet sind und ein weiterer Durchlauf sich als verschwendete Zeit entpuppen würde.

Mit der Walt-Disney-Methode sind Sie nun gut gerüstet, festgefahrene Denkstrukturen zu lösen und Aufgaben aus mehreren Perspektiven zu betrachten, bevor Sie diese entschlossen angehen. Auf diese Weise wurde schon so manche auf den ersten Blick unrealistische Idee zu einem wirklichen Ansatz für eine wegweisende Innovation.

Die sechs Denkhüte Edward de Bonos

Hintergrund

1986 stellte Edward de Bono, einer der führenden Entwickler kreativer Techniken, seine sechs Denkhüte (*Six Thinking Hats*) vor. Die Methode basiert auf dem von ihm entwickelten lateralen, also parallelen (Quer-)Denken und wird idealerweise in einer Gruppe von sechs Personen angewendet. Gerade anfangs ist die Unterstützung durch einen erfahrenen Moderator empfehlenswert. Die Gruppenmitglieder nehmen durch verschiedenfarbige Hüte repräsentierte Rollen ein, wobei jeder Hut einer bestimmten Denkweise bzw. einem Blickwinkel auf ein Thema entspricht. Dadurch soll eine effiziente Diskussion über ein Thema erreicht werden, bei der alle möglichen Blickwinkel berücksichtigt werden.

Material

Sie benötigen Hüte in den Farben Weiß, Rot, Schwarz, Gelb, Grün und Blau. Anstelle von Hüten gehen natürlich auch Baseball-Mützen, Armbänder, T-Shirts oder farbige Sticker. Im Notfall reichen sogar verschiedenfarbige Zettel bzw. Tischaufsteller aus.

Durchführung

Zunächst stellen der Moderator oder Sie den Mitgliedern der Gruppe die Methode und die Bedeutung der einzelnen Hutfarben vor:

- **Weiß:** Objektive Analyse und Konzentration auf Fakten
- **Rot:** Subjektive Emotion und Konzentration auf Meinungen
- **Schwarz:** Konstruktive Kritik, Ängste und Risikobewertung
- **Gelb:** Spekulativer Optimismus und Idealismus (*Best Case*)
- **Grün:** Kreative Assoziation, Ideen und Kreativität
- **Blau:** Moderierende Ordnung, Prozessdenken und *Big Picture*

Den Teilnehmern wird dann entsprechend der Art, in der sie denken sollen, ein Hut (oder oben beschriebenes Substitut) in der korrespondierenden Farbe gegeben. Vor der Diskussion bekommt jeder Teilnehmer ausreichend Zeit, sich auf die ihr oder ihm zugeordnete Farbe und die zugehörigen Eigenschaften einzustellen. In der Diskussion selbst vertritt jeder Teilnehmer den Standpunkt bzw. Blickwinkel „ihrer" oder „seiner" Farbe.

Selbstverständlich können die Hutfarben innerhalb der Gruppe auch untereinander getauscht werden. Grundsätzlich sollten jedoch alle sechs Denkweisen parallel und für sich durchaus isoliert vertreten sein.

Durch diese Parallelität der verschiedenen denkbaren Standpunkte eignet sich die Methode im Übrigen hervorragend zur Vermeidung von Konflikten gleichsam wie zur Verbesserung der Kommunikation innerhalb einer Gruppe und zur Steigerung der Effizienz bei der Bearbeitung einer Aufgabenstellung.

Die Cartoon-Storyboard-Methode

Hintergrund

Die Cartoon-Storyboard-Methode macht sich Ihre Imagination, Ihre Vorstellungskraft mittels einfacher Zeichnungen zunutze. Damit wird das Ziel verdeutlicht. Der Weg zum Ziel wird klarer. Und Dinge, die uns auf dem Weg zum Ziel blockieren, werden transparenter. Entwickelt wurde die Methode von der britischen Wissenschaftlerin Jane Henry.

Material

Für die Durchführung benötigen Sie am besten ein großes Blatt linienfreies Papier (ideal ist z. B. Flipchart-Papier) und einige Stifte in unterschiedlichen Farben. Zur Not reichen natürlich auch ein einfaches Blatt Kopierpapier und ein einfarbiger Stift oder Kugelschreiber.

Durchführung

Zunächst legen Sie das Papier im Querformat vor sich hin. Nun teilen Sie das Papier in sechs gleich große Boxen auf und nummerieren diese durch.

Dann entspannen Sie sich und versuchen, sich ein Bild vorzustellen, das dem am nächsten kommt, **wo Sie hinwollen**. Schicken Sie Ihre Vorstellungskraft und Ihre Gedanken hierfür ruhig auf eine Zeitreise in die Zukunft. Was sehen Sie? Wie fühlt sich das für Sie und andere an? Welches Bild taucht vor Ihrem geistigen Auge auf? Dieses Bild (Strichmännchen reichen völlig aus) malen Sie in Box 6. Es entspricht Ihrer ganz persönlichen Einschätzung des Zielzustandes.

Im nächsten Schritt reisen Sie in Gedanken wieder zurück ins Hier und Jetzt. Fragen Sie sich, **wo Sie jetzt stehen**, und lassen Sie das entsprechende Bild vor Ihrem geistigen Auge entstehen. Dieses Bild malen Sie in Box 1. Dieses Bild entspricht Ihrer jetzigen Situation.

In die vier verbleibenden Boxen (2 bis 5) malen Sie nun vier weitere Schlüssel-szenen auf dem Weg von der gegenwärtigen Ausgangslage bis zu Ihrem angestrebten Ziel. Nun sollten Sie einen in sich stimmigen Weg von der gegenwärtigen Situation (Box 1) bis zum Ziel (Box 6) vor sich haben.

Wenn Sie in alle sechs Boxen ein Bild gemalt haben, vergewissern Sie sich nochmals, dass diese den Weg von der gegenwärtigen Situation bis zum Ziel darstellen. Erst wenn Sie damit zufrieden sind, schauen Sie sich diesen Weg nochmals unter dem Aspekt an, welche Hürden jeweils zwischen den einzelnen Boxen auf dem Weg von 1 bis 6 entstehen könnten. Fassen Sie jede dieser Hürden möglichst in einem Wort zusammen und ordnen Sie dieses der jeweiligen Box zu. Dies sind die größten Herausforderungen, die Sie auf dem Weg zum Ziel meistern müssen.

Beispiel eines Cartoon-Story-Board

© Joachim Böttcher

Hilfen zur Definition der kreativ zu lösenden Aufgabe

Fokussierung

Hintergrund

Im Buch *Focusing* stellte Eugene Gendlin bereits 1981 eine Methode vor, die stark auf Begriffen wie bildlicher Vorstellungskraft und auf Emotionen basiert. Mit dieser Methode kann eine Person die Natur komplexer Probleme tiefer ausloten. Ebenso eignet sich Fokussierung dazu, kreative Prozesse vollständig zu begleiten und aus den Bildern und Gefühlswelten neue Lösungen abzuleiten.

Durchführung

Ziehen Sie sich zurück. Am besten in eine völlig neue Umgebung, in der Sie gleich das Gefühl haben, sich so richtig entspannen zu können. Genau das machen Sie als Nächstes: Entspannen Sie sich. Fragen Sie sich: „Was beschäftigt mich? Was macht mich unruhig? Was sorgt für Unwohlsein bei mir?" Listen Sie im Geiste die Antworten auf diese Frage auf, entspannen Sie sich weiter und warten Sie im entspannten Zustand auf folgendes Gefühl: „Bis auf diese Dinge fühle ich mich eigentlich gut."

Fühlen Sie das Problem. Fragen Sie Ihre innere Stimme, welches der Probleme am meisten pressiert. Und dann halten Sie eine Weile inne, fragen sich: „Wie fühlt sich das Problem an?" Lassen Sie den Gefühlen hierbei freien Lauf und nehmen Sie sich für diese Phase ausreichend Zeit.

Achtung: Vermeiden Sie an dieser Stelle ganz bewusst, Antworten zu finden und das Problem bereits zu lösen.

Finden Sie die Quelle des Problems. Versuchen Sie nun, Ihre Gefühle zu verdichten. Reduzieren Sie Ihre Gefühle ruhig auf einige wenige Worte oder Phrasen (wie „strapaziert", „schwerfällig" oder „im Hamsterrad" oder ähnliche). Hierbei geht es nicht um irgendeine Analyse des Problems, sondern ein Entdecken des Kerns, der Ursache Ihrer Gefühle. Sie sollten es tatsächlich spüren, dass Sie mit dem Wortspiel oder Bild den Kern des Problems getroffen haben.

Gegencheck mit Ihrer Gefühlswelt. Nun prüfen Sie die im letzten Schritt erzeugten Bilder und Worte gegen Ihre Gefühle. Fragen Sie sich: „Ist es das wirklich?", aber beantworten Sie diese Frage nicht – zumindest nicht bewusst. Vertrauen Sie darauf, dass Ihr Unterbewusstsein die richtigen Bilder und Worte bereits kennt und die Antwort über Gefühle liefern wird. Wenn sich dieses Gefühl nicht einstellen sollte, warten Sie weiterhin völlig entspannt darauf, dass neue Worte oder Bilder „erscheinen".

Fragen Sie. Wenn Sie den Kernbegriff (z. B. „strapaziert") Ihres Problems identifiziert haben, verweilen Sie einige Minuten entspannt und lassen Sie Ihre Gedanken und Gefühle um dieses Bild oder diesen Begriff kreisen. Sagen Sie ihn ruhig ein paarmal leise vor sich hin. Dann fragen Sie sich: „Was an meinem Problem sorgt dafür, dass ich mich ‚strapaziert' fühle? Was ist das Schlimmste daran? Was brauche ich, um das zu ändern?" Hüten Sie sich davor, diese Fragen vorschnell und bewusst zu beantworten. Vielmehr sollten Sie einfach abwarten. Hier ist es wichtig, sich ausreichend Zeit zuzugestehen.

Empfangen Sie. Sofern Sie richtig entspannt sind, werden Sie es definitiv spüren, wenn Ihnen Ihr Unterbewusstsein und Ihr Körper etwas mitteilen wollen. Was auch immer passiert, freuen Sie sich darüber, dass Ihr Körper zu Ihnen „spricht".

Unter Umständen müssen Sie den oben beschriebenen Zyklus mehrfach durchlaufen, um verwertbare Ergebnisse zu erzielen. Sie können den Prozess auch mittendrin unterbrechen und später an der Stelle weiter fokussieren. Mit ein bisschen Übung werden Sie immer besser darin.

Reframing

Hintergrund

Das *Reframing* („Neu-Rahmung") geht auf die Psychologin Virginia Satirs zurück. Es basiert darauf, dass Rahmen zum einen unsere Sichtweise einengen können. Ebenso kann ein schöner Rahmen um z. B. ein Kunstwerk unsere Sichtweise im positiven Sinne beeinflussen.

Durchführung

Definieren Sie Ihre ursprüngliche Herausforderung. Beispiel: „Der Erfolg unseres neuen Design-Service liegt weit unter den Erwartungen."

Bilden Sie gegensätzliche Wortpaare zur Aufgabenstellung. Beispiel: Top/ Flop, Gewinn/Verlust, verkaufen/einlagern, Blockbuster/Ladenhüter, Marktanteilswachstum/Marktanteilsverlust usw.

Bilden Sie Beispiele. Zu jedem der Wortpaare suchen Sie nun konkrete Beispiele im Zusammenhang mit Ihrer Aufgabenstellung. „Unser neuer Design-Service wird von den Kunden zaghaft angenommen (Ladenhüter)." – „Wir haben ein Team zusammengestellt, dessen Entwürfe in einer Qualität sind, die am Markt ihresgleichen sucht." (Blockbuster) etc.

Umkehren der Beispiele. Nun formulieren Sie Ihre Beispiele so um, dass die Aussage ins Gegenteil verkehrt ist und doch weiterhin zutreffen kann. Im Beispiel sähe das so aus: „Unsere Kunden befriedigen ihren Bedarf an Design-Services bei anderen Anbietern." „Wir haben einen Service entwickelt, dessen hoher Qualitätsanspruch vom Markt derzeit ignoriert wird." Da nun beide Aussagen zutreffend sind, können Sie sich auf die fokussieren, die Ihnen eher zusagt.

Das machen Sie mit allen Wortpaaren und formulieren Ihre Aufgabe am Schluss vielleicht völlig neu. Zum Beispiel: „Wir schauen an, ob wir die Qualität unseres neuen Design-Service den Bedürfnissen der Kunden entsprechend anpassen, und steigern unsere Bemühungen, anderen Anbietern Marktanteile abzujagen."

Üben Sie. Mit ein wenig Übung schaffen auch Sie es bald, Aufgaben in einem anderen Blickwinkel (Rahmen) erscheinen zu lassen, der Ihnen und anderen Beteiligten erleichtert, mit diesen Aufgaben umzugehen.

Hilfen zur Definition der kreativ zu lösenden Aufgabe

Paraphrasieren von Schlüsselwörtern

Hintergrund

Erneut war es Edward de Bono, der das Paraphrasieren von Schlüsselwörtern erstmals dokumentierte. Bei dieser solo oder in kleinen Gruppen anwendbaren Methode werden einzelne Wörter einer Aufgabenstellung bewusst durch Synonyme ersetzt. Auf diese Weise sollen neben einer noch präziseren Formulierung der Aufgabe bereits neue Blickwinkel auf die zu lösende Aufgabe erzeugt werden.

Material

Es werden lediglich ein Flipchart oder zur Not ein Blatt Papier und zum Medium passende Stifte benötigt.

Durchführung

Zunächst wird die derzeitige Aufgabenstellung formuliert. Zum Beispiel: „Wir haben eine unterbeschäftigte 3D-affine Kreations-Unit." Diese wird in ihre Schlüsselbegriffe zerlegt. Anschließend werden neue Zeilen erzeugt, indem jeweils mindestens eines der Worte durch ein Synonym ersetzt wird. Im Beispiel sieht das dann etwa folgendermaßen aus:

Wir haben eine	unterbeschäftigte	3D-affine	Kreation
Wir haben eine	überbesetzte	3D-affine	Kreation
Wir haben	unausgelastete	3D-affine	Grafiker
Wir haben	noch belastbare	animationsstarke	Designer
Wir haben	überfüllte	illustrierende	Erfinder
Wir haben eine	rappelvolle	Comics liebende	Gestaltung
Wir haben	reduzierbares	Computergrafik	Layout

Das Ganze ließe sich ziemlich stark vertiefen. Sie können beispielsweise einzelne Worte wiederum miteinander vertauschen und so untereinander neu kombinieren. Auf diese Weise entstehen oft bereits nach kurzer Zeit neben größerer Klarheit, ob die Problemstellung wirklich die richtige ist, zum Teil völlig neue Lösungsansätze. Im Beispiel könnte dies neben dem zunächst naheliegenden Abbau von Mitarbeitern der Vorstoß in den Markt für Comics oder für die Animation von Filmen sein.

Techniken zur Erzeugung kreativer Ideen

Sechs W's

Hintergrund

Im angloamerikanischen Raum ist diese Technik – nach dem britischen Literaturnobelpreisträger Rudyard Kipling – als Kiplings Liste bekannt.

> *Ich habe sechs aufrichtige Diener.*
> *Sie haben mir all mein Wissen beigebracht;*
> *ihre Namen sind „Was?", „Warum?" und „Wann?"*
> *und „Wie?" und „Wo?" und „Wer?".*
>
> *Rudyard Kipling*

Wer schon einmal von kleinen Kindern Löcher in den Bauch gefragt bekam, weiß um die Kraft der in diesen Zeilen aufgeführten Fragewörter. Diese Technik ist insbesondere bei Journalisten sehr beliebt, da hiermit alle wesentlichen Aspekte eines Ereignisses strukturiert abgefragt werden und später dann zu einem Bericht ausgearbeitet werden können.

Durchführung

Im Prinzip funktionieren diese sechs W's wie eine kleine Checkliste, die Sie immer dann einsetzen können, wenn Sie alle relevanten Punkte eines Themas abfragen und erfassen wollen. Sie erreichen eine erstaunliche Informationstiefe, wenn Sie die Fragen immer und immer wieder auch auf die zunächst gegebenen Antworten anwenden.

Sie können diese Technik z. B. anwenden, um ein Briefing für eine Agentur zu entwickeln oder in einer frühen Phase eines kreativen Prozesses eine erste Sammlung an Daten und Informationen für einen Kreativ-Workshop zusammenzustellen. Sie eignet sich auch, um nach einer kurzen Sitzung die wesentlichen besprochenen Punkte kurz und knapp zu notieren.

Brainstorming

Hintergrund

Als Erfinder dieser Methode gilt der amerikanische Werber Alex Osborn. Er stellte fest, dass steife Arbeitssitzungen die Kreativität der Mitarbeiter eher blockieren, als diese zu fördern. So entwickelte er ein Regelwerk aus vier Grundsätzen, mit denen eine Atmosphäre für den freien Fluss von Ideen geschaffen wird. Diese Regeln lauten:

- Keine Kritik und keine Killerphrasen!
- Je mehr, desto besser!
- Spinne bereits vorhandene Ideen weiter!
- Je verrückter, desto besser!

Durchführung

Stellen Sie eine Gruppe von fünf bis 15 Personen zusammen. Diese kann je nach Aufgabenstellung aus Experten, Laien, Fachleuten anderer Fachgebiete oder aus einer bunten Mischung daraus bestehen. Ganz wichtig ist, dass Sie die Teilnehmer Ihres Brainstormings mit ausreichendem Vorlauf einladen und ihnen bereits im Vorfeld das Problem schildern. Am besten versenden Sie mit der Einladung bereits Material zur Vorbereitung auf das Brainstorming. Ferner benötigen Sie ein oder mehrere Flipcharts, ausreichend Papier und Flipchart-Marker. Zu empfehlen sind daneben einige Pinnwände und ein Moderatorenkoffer mit z. B. ausreichend Pin-Nadeln. Bei wenig Erfahrung empfiehlt es sich besonders, auf einen erfahrenen Moderator zurückzugreifen.

Durchführung

Zunächst sollten Sie (oder der Moderator) versuchen, die Gruppe in eine entspannte und erfinderische Grundstimmung zu versetzen. Dann verdeutlichen Sie (oder alternativ der Moderator) nochmals die oben aufgeführten Regeln, nach denen das Brainstorming unbedingt ablaufen sollte. Auf diese Weise wird sichergestellt, dass alle ihre Gedanken, Ideen und Lösungsansätze möglichst kritikfrei äußern können. Killerphrasen sind während der Ideensammlung im Rahmen des Brainstormings absolut tabu. Luftschlösser und zunächst vollkommen sinnlos erscheinende Ideen sind dafür herzlich willkommen, da sich bei deren Weiterentwicklung hieraus mitunter durchaus verwertbare Ideen ergeben können.

Anschließend wird das zu lösende Problem vom Moderator zusammenfassend noch einmal dargestellt. In der eigentlichen Phase des Brainstormings werden die Teilnehmer angeregt, möglichst neuartige Ideen zur Lösung des Problems zu nennen. Im besten Fall schaukeln sich die Teilnehmer bei der raschen Entwicklung von Ideen gegenseitig immer weiter hoch und es kommt zu einem wahren Gehirnsturm an Ideen, einem *Brainstorming* im Wortsinne eben.

In dieser Phase sind zwei Dinge furchtbar wichtig: Alle – auch die abstrusesten – Ideen müssen protokolliert werden (im Regelfall übernimmt diese Aufgabe der Moderator). Hüten Sie sich davor, das Brainstorming verfrüht zu beenden (üblicherweise wird der Moderator mehrfach versuchen, die Gruppe zur Erzeugung weiterer Ideen zu stimulieren). Folgende Fragen eignen sich, die Erzeugung von Ideen im Fluss zu halten:

- Wofür kann die Idee alternativ verwendet werden?
- Womit kann die Idee ersetzt werden?
- Welche Bedingungen lassen sich ändern?
- Weist der Ansatz auf andere Ideen hin? Ähnelt die Idee einer anderen?
- Welche Eigenschaften lassen sich noch ändern?

- Was lässt sich vergrößern, hinzufügen oder vervielfältigen?
- Was lässt sich verkleinern, wegnehmen oder verkürzen?
- Was kann bei der Idee wodurch ersetzt werden?
- Kann der Ablauf verändert werden? Was passiert z. B., wenn der Prozess oder die Idee umgekehrt werden?
- Können die Ideen mit anderen Ideen kombiniert werden?

Das Ergebnis eines Brainstormings ist enorm abhängig vom Willen der Teilnehmer, sich auf diesen kreativen Prozess auch tatsächlich einzulassen. Treffen verschiedene Hierarchiestufen oder besonders introvertierte Charaktere aufeinander, empfiehlt es sich, das Brainstorming unter Umständen schriftlich durchzuführen und auf z. B. die Methode 635 oder einen *Brainwriting-Pool*, beides Varianten des sogenannten *Brainwriting*, zurückzugreifen.

»Methode 635«

Es gibt einige Varianten des *Brainwriting*. Eine der bekanntesten ist sicherlich die Methode 635, die in ca. 30 Minuten maximal 108 Ideen produziert. Hierbei erhalten sechs Teilnehmer ein gleich großes Blatt Papier. Dieses wird vertikal mit drei Spalten und horizontal mit sechs Reihen in achtzehn Boxen unterteilt. Jeder der sechs Teilnehmer befüllt nun die drei Boxen der ersten Reihe mit einer Idee. Nach einer vorher festgelegten Zeit (ca. drei bis fünf Minuten) wird das Blatt von allen gleichzeitig im Uhrzeigersinn an das nächste Mitglied der Gruppe weitergereicht. Nun gilt es, in der zweiten Zeile die bereits genannte Idee der ersten Zeile weiterzuentwickeln und diese neue Idee entsprechend aufzuschreiben. Dieser Prozess wird so lange wiederholt, bis alle Blätter wieder ihren ursprünglichen Absender erreichen.

»Brainwriting-Pool«

Bei dieser Variante des *Brainwriting* sitzen die Teilnehmer eines Kreativ-Workshops um einen Tisch. In der Mitte des Tisches befindet sich ein Stapel leerer Karteikarten (z. B. DIN A5 oder DIN A6). Jeder Teilnehmer nimmt sich eine Karte. Hierauf schreibt sie oder er stichwortartig eine Idee, reicht die Karte z. B. dem rechten Sitznachbarn und erhält vom linken Sitznachbarn eine Karte mit deren oder dessen erster Idee. Zu dieser Idee werden nun eigene Überlegungen und gegebenenfalls Anmerkungen gemacht. Anschließend wird die Karte wie eine eigene Idee ebenfalls nach rechts weitergegeben. Dies führt man für jede Idee aus. Erlaubt ist auch, Karten einfach nach rechts weiterzureichen. Das kann hilfreich sein, wenn einem zur Idee des linken Nachbarn partout so rein gar nichts einfallen will. Oder die Person ist gerade bei den Ausführungen zu einer Idee völlig in Gedanken versunken.

Irgendwann erhalten die Teilnehmer eigene Ideen mit Anmerkungen zurück. Diese können sie weiter ergänzen und wieder in den Kreislauf einspeisen. Alternativ wandern diese in den Karten-Pool in der Mitte des Tisches. Bei einer vollkommen neuen Idee nimmt ein Teilnehmer einfach eine unbeschriebene Karte vom Pool in der Tischmitte, notiert die Idee und gibt sie nach rechts weiter.

Kommt der Ideenfluss eines Teilnehmers ins Stocken, kann sie oder er sich vom Ideenstapel eine Karte nehmen, diese weiter ergänzen und die Karte wieder in Umlauf bringen. Wenn allen Teilnehmern die Ideen ausgegangen sind und der Karten-Pool mehrfach ohne nennenswerte Ergänzungen die Runde gemacht hat, ist der *Brainwriting-Pool* beendet.

Ideennotizbuch und Traumtagebuch

Hintergrund

Für sein fulminantes Comeback-Album „Supernatural" erhielt Carlos Santana neun Grammys und stellte damit einen neuen Rekord auf. Auf die Frage, woher die Idee kam, an diesem Album die Künstler Rob Thomas (Matchbox Twenty), Wyclef Jean, Eagle-Eye Cherry, Everlast, Maná, Lauryn Hill, Dave Matthews und Eric Clapton mitwirken zu lassen, antwortete er einmal, dass er schon die ganze Zeit überlegt habe, ein neues Album zu machen. Er habe nur die rechte Idee gesucht. Und eines Tages sei es passiert. Er habe sich hingelegt, sei eingenickt und im Traum seien ihm die Musiker erschienen. Seine „innere Stimme" habe ihm gesagt, er solle mit diesen Kollegen Musik machen. Als er aufgewacht sei, habe er seiner inneren Stimme gedankt, das Management der Kollegen kontaktiert und sofort angefangen, die Songs zu schreiben.

Bei beiden Techniken geht es erneut darum, das Unterbewusstsein (bei Santana „die innere Stimme") stärker zu aktivieren. Das Ideennotizbuch ist eine allgemein verwendete Methode. Der Ansatz, Träume für kreative Ideen einzusetzen, geht auf die Psychologin Patricia Garfield zurück.

Ideennotizbuch

Ein Ideennotizbuch darf vom Medium her durchaus etwas anderes darstellen als die gute alte Kladde. Am besten funktionieren Flipcharts, Metaplan-Wände oder *White Boards*, auf denen die Aufgabenstellung für alle Beteiligten sichtbar angebracht wird. Das können ein paar Worte in einer gezeichneten Wolke, ein Foto, eine Liste zu lösender Detailfragen, eine Skizze etc. sein. Dadurch, dass die Aufgabenstellung nun regelmäßig auf das Unterbewusstsein Vorbeigehender wirken und dieses stimulieren kann, können im Wortsinn *en passant* Ideen entwickelt und zutage gefördert werden.

Eine gute Methode ist ebenfalls, ergänzend zur obigen Vorgehensweise, immer ein kleines Notizbuch (z. B. im Format DIN A 6) und einen Stift bei sich zu tragen. In dieses Notizbuch sollten Sie alle Ideen hineinschreiben, die Sie haben. Notieren Sie unbedingt auch Einfälle, die auf den ersten Blick völlig abwegig erscheinen.

Traumtagebuch

Die Herausforderung beim Führen eines Traumtagebuchs ist, sich am nächsten Morgen an Träume oder zumindest an Fragmente davon zu erinnern. Folgende Erkenntnis ist hilfreich: Studien haben bewiesen, dass ausnahmslos jeder Mensch im Schlaf meist mehrere Träume hat. Das Führen eines Traumtagebuchs erfordert anfangs ein wenig Übung. Bleiben Sie am Ball. Es lohnt sich. Hier einige Tipps:

Legen Sie einen Notizblock und einen Stift griffbereit auf Ihren Nachttisch. Anschließend legen Sie sich wie üblich schlafen. Kurz vor dem tatsächlichen Einschlafen wiederholen Sie im Geiste folgenden Satz, wie eine Art Beschwörungsformel: „Heute Nacht werde ich träumen. Und morgen früh werde ich mich an meine Träume erinnern."

Genießen Sie den Vorgang des Aufwachens. Bleiben Sie noch ein wenig liegen. Halten Sie hierbei die Augen möglichst noch geschlossen und dösen Sie ein wenig vor sich hin. Schicken Sie Ihren Geist auf die Reise und erlauben Sie Bildern, in Ihrem Kopf zu entstehen. Bleiben Sie weiter entspannt und betrachten Sie die Bilder bzw. den Film. Lassen Sie sich Zeit mit dem Aufwachen. Sobald Sie einigermaßen zu sich gekommen sind, notieren Sie sich Stichworte zum Bild bzw. zum Filminhalt. Eine weitergehende Methode ist die, ein Diktiergerät auf dem Nachttisch zu platzieren.

Vo außerordentlicher Wichtigkeit ist, das Traumtagebuch möglichst regelmäßig, also im Idealfall täglich mit Träumen zu füttern. So werden Sie sich schon nach kurzer Zeit unter Umständen an mehrere Träume der Nacht erinnern, die allesamt Hinweise Ihres Unterbewussteins an Sie darstellen. Ebenso wichtig ist, das Traumdatum zu notieren, um eine bessere Zuordnung zu beruflichen und privaten Herausforderungen und Situationen zum oder vor dem Zeitpunkt des Traumes zu ermöglichen und auch später noch die passenden Rückschlüsse zu ziehen.

Wünsch-dir-was

Hintergrund

Einer der größten Hemmschuhe für innovatives Denken ist die uns eigene Sichtweise der Dinge, basierend auf der Kultur, in die wir eingebettet sind. Unsere Erfahrung hat uns gelehrt, gewisse Dinge, z. B. aus Gedanken der Sicherheit heraus, einfach sein zu lassen. Mit der Technik „Wünsch-dir-was" sollen diese mentalen Grenzen für den kreativen Prozess bewusst außer Kraft gesetzt werden. Das zunächst unmöglich Erscheinende wird hierbei ganz bewusst willkommen geheißen.

Durchführung

Die Methode eignet sich hauptsächlich für die Anwendung alleine. So gehen Sie vor: Schließen Sie die Augen und malen Sie vor Ihrem geistigen Auge das Bild des Zustandes, der Ihnen für Ihre Aufgabenstellung als der erstrebenswerteste überhaupt erscheint. Übertreiben Sie hierbei hemmungslos.

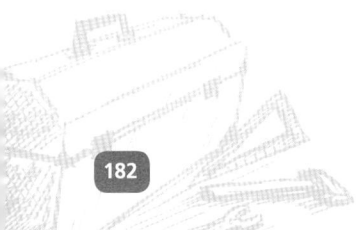

Wie stehen Sie da, wenn alles, wirklich alles bei der Umsetzung Ihrer Aufgabe für Sie absolut optimal verlaufen sein sollte? Was Sie sehen, sollte Ihre zur Verfügung stehenden Ressourcen wie Geld, Mitarbeiter etc. bei Weitem übersteigen. Ansonsten müssen Sie Ihre Erwartungen in der Imagination nochmals deutlich höherschrauben. Das Ergebnis sollten Sie möglichst detailliert aufschreiben. Dieses Bild zeigt Ihnen, was Ihnen bei dieser Aufgabenstellung am wichtigsten ist. Sich im Olymp des Kundenkontaktes einer Werbeagentur zu sehen, als *Shooting-Star* gefeiert, überhäuft mit Bonus und Glückwünschen, könnte z. B. heißen: „Ich wünschte, ich wäre der beste Verkäufer unserer Agentur."

Nun stellen Sie sich die Frage, warum und was Ihnen daran so furchtbar wichtig ist. Verharren Sie in Gedanken und lassen Sie zu, dass sich das Bild vor Ihrem geistigen Auge verändert. Bleibt das Bild gleich, unterbrechen Sie den Prozess und setzen Sie ihn später fort. Das wiederholen Sie so lange, bis Sie ein Bild vor Augen sehen, das sich vom ersten fundamental unterscheidet. Auf diese Weise kommt ein mit der Aufgaben- oder Problemstellung in Zusammenhang stehender, tief in Ihnen verwurzelter Wunsch zutage. Das neue Bild könnte Sie beispielsweise sicher, selbstbewusst und methodenkompetent in einem Verkaufsgespräch agierend zeigen. Ihr tief verwurzelter Wunsch könnte lauten: „Ich wünschte, ich hätte im Verkaufsgespräch mehr Selbstbewusstsein und wäre kompetenter, was die Methodik des Verkaufens angeht."

Per Definition sind Sie die Hauptfigur dieses Bildes vor Ihrem geistigen Auge. Bitten Sie sich im Geiste nun selbst, aus diesem Bild zu steigen. Gehen Sie im Geiste ein paar Meter, drehen Sie sich um und betrachten Sie Ihre Vision mit ein wenig Abstand. Überlegen Sie nun, was Sie benötigen bzw. erledigen müssten, um diesen fernen und doch nicht so fernen Zustand zu erreichen.

Doch Vorsicht: Vermeiden Sie bei „Wünsch-dir-was" allzu große Euphorie. Es geht hier nicht darum, die rosarote Brille aufzusetzen und alles schönzureden. Denken Sie an den gleichnamigen Single-Titel der Düsseldorfer Punk-Band „Die Toten Hosen". Im Text des Liedes warnte bereits deren Sänger Campino zynisch vor allzu blauäugigem Optimismus.

Methoden zur Gruppierung kreativer Ideen

Mind Mapping®

Hintergrund

Als Vater des *Mind Mapping*® gilt der britische Psychologe Tony Buzan, der die Methode Anfang der 70er-Jahre vorstellte und dessen Buzan Centre in England diese immer weiter verfeinert.

Eine Mind Map® zum Thema Mind Mapping

Der Begriff Mind Map® ist eingetragenes Warenzeichen der The Buzan Organisation, Buckinghamshire (UK)

Material

Nehmen Sie ein großes weißes Blatt Papier (am besten DIN A 3 aufwärts) und legen Sie sich bunte Stifte in mindestens drei Farben zurecht. Am besten eignen sich Filzstifte, an deren Enden sich je eine dünne und eine dickere Spitze befinden.

Überlegen Sie sich die Aufgabenstellung, zu der Sie eine Mind Map® erstellen wollen. Zum Beispiel die Durchführung einer Kundenveranstaltung.

Beginnen Sie Ihre Mind Map®, indem Sie kunterbunt in der Mitte des Blattes ein Bild malen, das Ihrer Aufgabenstellung nahekommt. Benutzen Sie hierbei mindestens drei Farben.

Denken Sie nun über einige ganz wesentliche Aspekte der Aufgabenstellung nach. Bei einer Kundenveranstaltung könnten das sein: Einladungsprozedere, Präsentation, Entertainment, Ablauf, Nachbereitung, Budget etc.

Erstellen Sie nun ausgehend vom Rand Ihres zentralen Bildes für jeden dieser Hauptaspekte einen farbigen Ast, der zur Bildmitte hin dicker wird. Schreiben Sie die Bezeichnung des Hauptaspektes in einem Wort und in großen Buchstaben dem natürlichen Schwung des Astes folgend darüber.

Von diesen Hauptzweigen gehen nun wiederum immer kleiner und dünner werdende Äste ab, über denen nun jeweils ein Wort vermerkt wird, das sich aus dem tragenden Zweig ableitet usw. Benutzen Sie bei der Erstellung Ihrer Mind Map® möglichst viele Farben. Malen Sie beim Nachdenken ruhig kleine Bildchen neben die Äste. Verknüpfen Sie Zusammenhänge durch kleine Wolken, Pfeile usw.

Das Ergebnis ist nun eine enorm übersichtliche Darstellung Ihrer Aufgabenstellung, Idee usw., deren organische Struktur durch die Wort-Bild-Kombination Ihrer kreativen Denkweise näherkommt und daher auch viel einprägsamer ist als z. B. bloßes Auflisten. Durch das Reduzieren auf einzelne Worte auf den Ästen wird jeglicher inhaltlicher Ballast abgeworfen und die Aufgabe bzw. Idee usw. auf das wirklich Wesentliche reduziert.

Mind Maps® lassen sich für viele Aufgaben einsetzen. Insbesondere eignen sie sich hervorragend für:

- Gruppierung gesammelter Ideen (z. B. im Rahmen eines Brainstormings). Jedes Schlüsselwort kann hierbei eine weitere Kette an Assoziationen auslösen.

- Sachtexte und komplizierte Sachverhalte lassen sich besser strukturieren und so auf ihre Kernaussagen reduzieren. Sie werden staunen: Plötzlich sehen Sie auch im dichtesten Wald die Bäume wieder.

- Vorbereitung von Vorträgen. Die wichtigsten Botschaften stehen im Zentrum. Weniger Wichtiges rückt an den Rand. Bei entsprechender Übung reicht mit ein wenig Erfahrung später oftmals das Einprägen der Mind Map®, um selbst einen längeren Vortrag strukturiert und gut vorbereitet zu bestreiten.

- Mitschrift wesentlicher Inhalte einer Sitzung oder eines Telefonats. Wollen Sie anschließend ein Protokoll schreiben, formulieren Sie zu jedem Ast und seinen Zweigen lediglich ein paar passende Sätze. Einige Firmen versenden inzwischen *Scans* erstellter Mind Maps® als Ersatz für Protokolle.

- Erhalten der Flexibilität der Aufzeichnung, da die Mind Map® immer wieder leicht in ihrer Struktur verbessert und Neues ergänzt werden kann. Eine Mind Map® bleibt auch nach der Änderung noch leserlich.

- Persönliche Notizen, Informationssammlung oder Archivierung eines Themas.

- Organisation durch Anlegen einer Noch-zu-erledigen-Planung. Kurzweiliger (und hübscher!) lässt sich ein Aufgabenzettel wohl kaum noch gestalten. Bei einer Aufgabe (z. B. einer Party) taucht diese im Zentrum als Bild auf und sämtliche Themen, die abgehandelt werden, bilden ringsherum Äste. Besonders schön hierbei ist: Dieser Aufgabenzettel wird sogar noch besser, wenn weitere Dinge hinzugefügt oder miteinander verwoben werden.

Inzwischen existieren zahlreiche Mind-Mapping®-Software-Werkzeuge auf dem Markt. Diese haben auf der einen Seite den Vorteil der meist kinderleichten Bedienung und der schnellen Strukturierung. Besonders mächtig wird eine solche am Computer erzeugte Mind Map® durch die Verzweigung einzelner Äste auf *Websites*, Datenbanken oder weitere Mind Maps® oder wenn Mitglieder eines kleinen virtuellen Teams in verschiedenen Ländern über Online-Technologie gleichzeitig an ein und derselben Mind Map® arbeiten.

Bei aller Euphorie in Sachen immer modernerer Informationstechnologie bleibt hierbei jedoch der ganz individuelle kreative Stil eines jeden Einzelnen, der durchaus stimulierend auf die eigene Kreativität wirken kann, genauso auf der Strecke wie der persönliche Kontakt zu Mitgliedern eines Teams.

Fishbone-Diagramm

Schon Anfang der 50er-Jahre entwickelte der Japaner Kaoru Ishikawa ein Ursache-Wirkungs-Diagramm, das äußerlich einer Fischgräte (englisch: *Fishbone*) ähnelt. In diesem Diagramm werden Ursachen und Wirkungen (mit entsprechenden Nebenursachen und Nebenwirkungen) zu einer Aufgaben- bzw. Problemstellung aufgezeigt.

Für die Durchführung benötigen Sie lediglich einen Stift und ein möglichst großes Blatt Papier (optimal: DIN A3).

Beispiel eines Fishbone-Diagramms

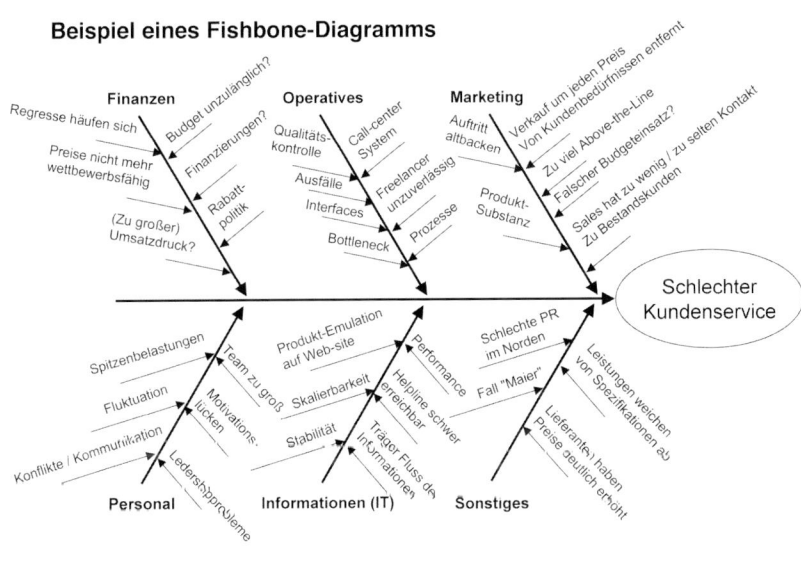

In Anlehnung an Ishikava. K. (1984)

Ausgangspunkt eines *Fishbone*-Diagramms ist ein horizontaler Pfeil nach rechts. An dessen Spitze wird – möglichst prägnant formuliert – die Aufgabenstellung vermerkt. Im Beispiel: Schlechter Kundenservice als Auswirkung. Auf diesen horizontalen Pfeil stoßen im Beispiel sechs Pfeile mit den Hauptursachen für diese Auswirkung. Diese können zum Beispiel gemäß dem FOMPI-Ansatz gewählt werden: Finanzen, Operatives, Marketing, Personal, Informationen (IT) und Sonstiges *(Näheres hierzu siehe im Kapitel „Wie verkaufe ich mich, ohne mich zu verkaufen?")*.

Zu den Hauptursachen werden unter Umständen weitere Unterpunkte und damit Inhalte definiert. Diese werden in Form kleinerer Pfeile dargestellt, die jeweils von der Linie der jeweiligen Haupteinflussgrößen abgehen usw.

Zu guter Letzt wird das *Fishbone*-Diagramm nochmals darauf überprüft, ob wirklich alle möglichen Treiber für die Aufgabenstellung bzw. zur Lösung eines Problems berücksichtigt wurden. Dies fällt durch die erfolgte Visualisierung oft bereits leichter.

Das *Fishbone*-Diagramm eignet sich hervorragend als Brücke zwischen den Denkpräferenzen von Menschen mit außerordentlicher Zahlen-, Daten- und Faktenorientierung und Menschen mit eher rechtshirniger, sprich bildhafter Vorgehensweise.

Den analytisch-logischen Menschen gefällt, dass es sich durch die systematische Abfrage der wesentlichen Ursachen, Treiber und Wirkungen einer Aufgabenstellung zur Analyse des Beziehungsgeflechts auch durchaus komplexerer Strukturen eignet. Dem ganzheitlich-kreativen Typus sagt die quasi-bildhafte Darstellung der Inhalte als Fischgräte einfach eher zu.

Wege zur besseren Entscheidungsfindung

Punktklebeverfahren

Hintergrund

Ob ein Brainstorming, die Methode 635 oder andere: Welche Methode zur Generierung von Ideen auch immer vorangegangen sein mag, an irgendeiner Stelle in Ihrem kreativen Prozess werden Sie an dem Punkt anlangen, an dem Sie die Ideen ihrer Priorität nach ordnen, sprich: sie bewerten und so deren Anzahl reduzieren und die Informationen verdichten müssen. Für kreative Arbeiten in der Gruppe eignet sich insbesondere das Punktklebeverfahren. Pioniere dieses Verfahrens waren bereits in den 60er-Jahren die Organisationsberater Wolfgang und Eberhard Schnelle, die es im von ihnen entwickelten Moderationsansatz Metaplan® regelmäßig zum Einsatz brachten.

Material

Um ein Punktklebeverfahren durchzuführen, benötigen Sie neben ganz vielen bereits erzeugten Ideen im Idealfall einen Flipchart-Ständer mit Papier, Moderationskarten und Pin-Nadeln oder große Post-it®-Zettel, farbige Marker und eine passende Anzahl Pinnwände. (Zur Not können Sie die Flipchart-Bögen auch an den Wänden befestigen. Hierfür eignet sich *Blue tag*, eine Art Knetgummi zum Fixieren, das keine Rückstände hinterlässt und somit z. B. die Tapete des Veranstaltungshotels schont.) Zu guter Letzt brauchen Sie noch ausreichend selbstklebende Punkte (Faustregel: 10 Prozent aller zu bewertenden Ideen multipliziert mit der Anzahl der Workshop-Teilnehmer).

Und so geht's:

Durchführung

Zunächst schreiben Sie alle Ideen groß und gut lesbar auf Moderationskarten bzw. Post-it®-Zettel. Diese bringen Sie so auf einer entsprechenden Anzahl Flipchart-Papier an, dass diese von oben nach unten jeweils eine Liste ergeben. Achten Sie hierbei darauf, dass rechts neben jeder Liste noch ausreichend Platz für Klebepunkte und eventuelle Kommentare bleibt.

Nun erhält jeder der Teilnehmer die gleiche Anzahl Klebepunkte (Faustregel: 10 Prozent der zu bewertenden Ideen; bei 80 Ideen bekäme jeder Teilnehmer somit 8 Klebepunkte). Wenn Sie die Bewertung anonym durchführen wollen, achten Sie darauf, dass Sie Klebepunkte von einer Farbe verwenden. Ansonsten notieren Sie sich, wer welche Farbe verwendet hat.

Anschließend erhält die Gruppe ausreichend Zeit, sich in Ruhe (und das ist hier wirklich wörtlich zu nehmen) eine eigene Meinung über sämtliche Ideen auf der Liste zu bilden.

Wenn alle sich ihre Meinung gebildet haben (und wirklich erst dann), bringen die Workshop-Teilnehmer analog zur Meinung, die sie sich gebildet haben, die Klebepunkte hinter den von ihnen favorisierten Ideen an. Die einzige Mengenbegrenzung, die es hierfür gibt, ist die Anzahl der ausgehändigten Klebepunkte. Das heißt: Ein Teilnehmer kann sowohl alle seine Wertungspunkte einer Idee zuordnen als auch vielen Ideen jeweils einen oder eben einige.

Genauso wenig müssen zwanghaft alle Punkte verklebt werden. Wichtig ist nur: Allen Teilnehmern müssen diese Regeln im Vorfeld bekannt sein.

Danach wird die Auswertung in der Gruppe diskutiert. Wie viele Ideen sollen nun auf die endgültige Liste? Alle, die einen Klebepunkt erhalten haben? Macht es Sinn, irgendwo einen Strich zu ziehen? Eine weitere Methode, eine gute Entscheidung zu fällen, ist das nachfolgend beschriebene Listen von Vor- und Nachteilen.

Beispiel Punktklebeverfahren

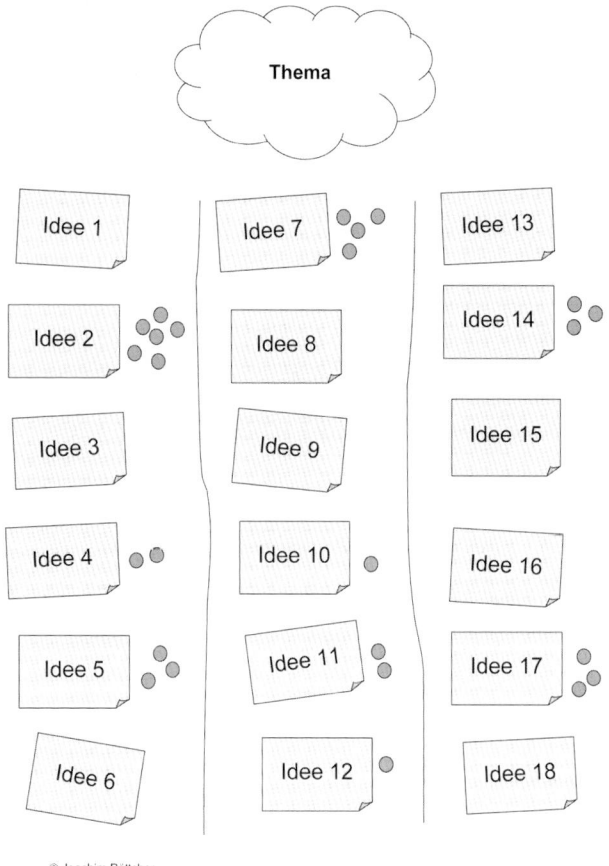

© Joachim Böttcher

Listen von Vor- und Nachteilen (Pro und Kontra)

Hintergrund

Das Listen von Vor- und Nachteilen (Pro und Kontra), das Aufzeigen von Grenzen und einzigartigen Qualitäten ist eine Technik, die genauso schnell und effizient ist, wie sie einem trivial erscheint. Mit ihr lässt sich einer guten Entscheidung bereits ein gutes Stück näherkommen als mit der vorangegangenen Methode, dem Punktklebeverfahren.

Material

Besonderes Material wird nicht benötigt. Führen Sie diese Form der Bewertung in einer kleinen Gruppe durch, empfiehlt es sich, an einem Flipchart-Ständer zu arbeiten.

Durchführung

Hierfür nehmen Sie der Reihe nach jede einzelne der Ideen aus Ihrer Vorauswahl und denken vollumfänglich und gründlich über die folgenden Fragen nach:

- Welche Vorteile bietet die Idee? Was ist daran aus Kundensicht und aus unternehmerischer Sicht so attraktiv? Warum hat gerade diese Idee Potenzial für ein neues Produkt?

- Welche Nachteile hat diese Idee? Was ist daran aus Kunden- und Unternehmersicht geradezu abstoßend?

- Mit welchen Grenzen könnte diese Idee zu kämpfen haben?

- Welche der Eigenschaften dieser Idee sind einzigartig?

Beispiel: Nehmen wir einmal an, Sie sind Produktmanager bei einem Hersteller von Staubsaugern. Neben einigen anderen wurde die Idee geboren, einen Staubsauger ohne Staubbeutel herzustellen. Listen von Vor und Nachteilen kämen (stark vereinfacht) etwa zu folgendem Ergebnis:

Staubsauger ohne Staubbeutel

Vorteile	Nachteile	Grenzen	Einzigartig
• Kunde spart Ersatzbeutel	• Anfälligkeit (Flüssigkeiten)?	• Technische Realisierung	• Gibt es so im Markt noch nicht
• Müllvermeidung	• Regelmäßige Reinigung	• ...	• ...
• Kostenvorteil	• ...	• Bestehende Patente anderer Hersteller?	
• Hohes Marktpotenzial	• Eventuell zu Lasten der Saugleistung		
• ...			
• Patentierbar			

Wenn Sie dies für jede einzelne Idee durchgeführt haben, gehen Sie in Ihrer im Vorfeld bereits etwas bereinigten Liste eine Verdichtungsstufe tiefer und überlegen Sie sich im nächsten Schritt, wie Sie diese Ideen auf Basis einheitlicher Kriterien vergleichen können.

Paarvergleich

Diese heute aus dem modernen Wirtschaftsleben kaum noch wegzudenkende Vorgehensweise wurde Ende der 1920er-Jahre unter anderem von dem Amerikaner Louis L. Thurstone entwickelt, der für keinen Geringeren als Thomas Alva Edison arbeitete, bevor er Professor an der Universität Chicago wurde. Mit ihr wird der wesentliche Schritt von der bislang über die Vergabe von Prioritäten nur verdichteten Sammlung zu einer mit harten Kriterien bewerteten Rangfolge vollzogen.

An Material benötigen Sie eigentlich nur einen Stift und ein Blatt Papier. Sofern Sie den Paarvergleich mit einer Gruppe durchführen, ist ein Flipchart-Ständer ideal.

Nehmen Sie einmal an, von Ihren zahlreichen Ideen sind nach entsprechender Vorauswahl noch fünf Ideen übrig geblieben. Folglich tragen Sie in der ersten Spalte von oben nach unten die Ziffern 1 bis 5 ab. In der zweiten Spalte beschreiben Sie die Ideen 1 bis 5 kurz. Nun führen Sie den Paarvergleich durch, indem Sie erst Idee 1 mit Idee 2, dann Idee 1 mit Idee 3 usw. vergleichen. Sie erhalten am Schluss eine Matrix, bei der Sie nur noch abzuzählen brauchen, welche Idee im direkten Vergleich mit anderen am häufigsten als „Sieger" hervorgegangen ist. Diese erhält die Priorität 1 usw. Im Beispiel werden verschiedene Ansätze für die Entwicklung eines neuen Kopfhörers miteinander verglichen. Das Ergebnis sieht so aus:

Paarvergleich am Beispiel neuer Ideen für einen Kopfhörer

#	Idee (Beschreibung)	1	2	3	4	Häufigkeit	Priorität
1	Lebenslange Garantie					2	3
2	Juveniles Design	1				1	ignorieren?
3	Funktechnologie	3	3			3	2
4	Multimedia-Tauglichkeit	4	4	4		4	1
5	Quadrophonie	1	2	3	4	0	ignorieren?

Im direkten Vergleich aller fünf Ideen hat sich die Idee 4, die Multimedia-Tauglichkeit des neuen Kopfhörers, als Gesamtsieger durchgesetzt. Die Idee, das Produkt mit Funktechnologie auszustatten, belegt mit drei „Siegen" im direkten Vergleich Platz 2 in der Prioritätenliste. Abgeschlagen dagegen sind die Ideen, ein Quadrophonie-Konzept umzusetzen oder besonders jungem Design den Vorzug zu geben.

Gewichtete Vergleichstabelle

Hintergrund

Woher der Ansatz für diese Form der Entscheidungsfindung einmal genau kam, liegt heute im Dunkeln. Irgendwie, so scheint es, war er schon immer da.

Material

Auch hier benötigen Sie nur einen Stift und ein Blatt Papier. Sofern Sie in der Gruppe arbeiten, ist auch hier ein Flipchart-Ständer ideal. Für die Arbeit an komplexeren Tabellen gibt es inzwischen auch einige Software-Tools, die hervorragende Unterstützung leisten. Zur Not reicht auch eine am PC selbst gebastelte Tabelle.

Durchführung

Zunächst listen Sie die zu bewertenden Ideen auf der linken Seite Ihrer Vergleichstabelle (im Beispiel unten Alternativen einer Event-Agentur für die Durchführung eines Firmen-*Incentives*). In der Kopfzeile der Tabelle tragen Sie die Attribute bzw. Kriterien ein, die aus Sicht des Entscheidungsträgers von Relevanz für eine passende Auswahl sind. Diese gewichten Sie nun entsprechend ihrer Wichtigkeit. Im Beispiel wäre das Argument „Motivation der Mitarbeiter" von höchster Wichtigkeit für den Kunden der Event-Agentur, während die „Budgetverträglichkeit" nur von mittlerer Bedeutung scheint.

Nun vergeben Sie entsprechend der Anzahl der zu bewertenden Ideen Punkte. In unserem Beispiel wurden fünf Ideen entwickelt. Demzufolge beträgt der höchste zu vergebende Wert 5, der nächste 4 usw. Der niedrigste Punktwert ist die 1. Anschließend multiplizieren Sie die vergebenen Punkte mit der Gewichtung, sortieren neu und erhalten so eine Liste relativ gewichteter Ideen.

Ideen und deren relative Gewichtung	Motiviert Team?		Einfache Logistik?		Kosten im Budget?		Zeitaufwand im Rahmen?		Summe (Σ)	
	Gewicht = 5		Gewicht = 3		Gewicht = 2		Gewicht = 1			
Ideen	Ergebnis	Gewichtet (x 5)	Ergebnis	Gewichtet (x 3)	Ergebnis	Gewichtet (x 2)	Ergebnis	Gewichtet (x 1)	Σ Ergebnisse	Σ gewichtete Ergebnisse
Bergsteigen	4	20	2	6	5	10	3	3	14	39
Mallorca-Trip	3	15	3	9	2	4	1	1	9	35
Formel-1	2	10	4	12	1	2	4	4	11	28
Oktoberfest	1	5	5	15	4	8	5	5	15	33
Outdoor-Event	5	25	1	3	3	6	2	2	11	36

Ergebnis dieser gewichteten Vergleichstabelle wäre demnach, dass Bergsteigen als Idee für ein Firmen-*Incentive* mit einer gewichteten Punktzahl von 39 Punkten die wesentlichen Entscheidungskriterien und damit den Geschmack des Agenturkunden wohl am ehesten treffen wird.

Allgemeine Planungsinstrumente

Critical-Path-Diagramm

Als allgemeines Planungsinstrument hat sich neben zahlreichen anderen insbesondere das Critical-Path-Diagramm etabliert. Entwickelt wurde diese Vorgehenswsie in den 50er-Jahren gemeinsam von der Remington Rand Corporation und DuPont. Es bildet heute den Kern vieler Software-Pakete zur Unterstützung einer planerischen Vorgehensweise bei Projekten.

Im Prinzip brauchen Sie für die ersten Gehversuche zum Erzeugen eines Critical-Path-Diagramms lediglich einen Stift und ein großes Blatt Papier, z. B. ein Flipchart. Ebenfalls geeignet ist ein *White Board* mit entsprechenden *Board-Markern*.

Am ehesten lässt sich die zugrunde liegende Analyse damit erklären, dass der jeweilige Manager eines Projekts – im Bedarfsfall unterstützt durch weitere Fachkräfte – einem Detektiv gleich versucht, für alle Teilaufgaben die folgenden drei Dinge in Erfahrung zu bringen:

- Welche *Tätigkeiten* sind für die Erledigung der Teilaufgabe zu erbringen?

- Welchen *Zeitbedarf* hat die Erledigung jeder einzelnen dieser Aufgaben schätzungsweise?

- Welche *Abhängigkeiten* bestehen zwischen den einzelnen Aufgaben? Daraus ergibt sich die Erkenntnis, welche Aufgaben sequenziell erledigt werden müssen und welche parallel erledigt werden können.

Liegen diese Werte z. B. für eine Teilaufgabe vor, ergibt sich der sogenannte kritische Pfad (*critical path*) dieser einen Aufgabe aus der Abfolge der (z. B. parallel gestarteten) Tätigkeiten mit dem größten Zeitbedarf, da diese den kürzesten Weg zur Fertigstellung des Gesamtwerks darstellen.

Verwirrt? Ein Beispiel:

Eine Agentur für Verkaufsförderung stellt den Zeitbedarf zweier durchaus parallel umsetzbarer Arbeitsstränge gegenüber. Was ist nun der sogenannte kritische Pfad? Es sind die grau unterlegten Arbeitsschritte vom Feinkonzept über das Design bis zum Anfertigen und dem Versand der Kostüme für die Animateure, denn unter Berücksichtigung dieses Arbeitsstranges dauert das Projekt insgesamt 23 Tage, während das Projekt nur unter Berücksichtigung der Werbemittelproduktion im Beispiel lediglich 17 Tage in Anspruch nähme.

Beispiel eines Critical Path-Diagramms

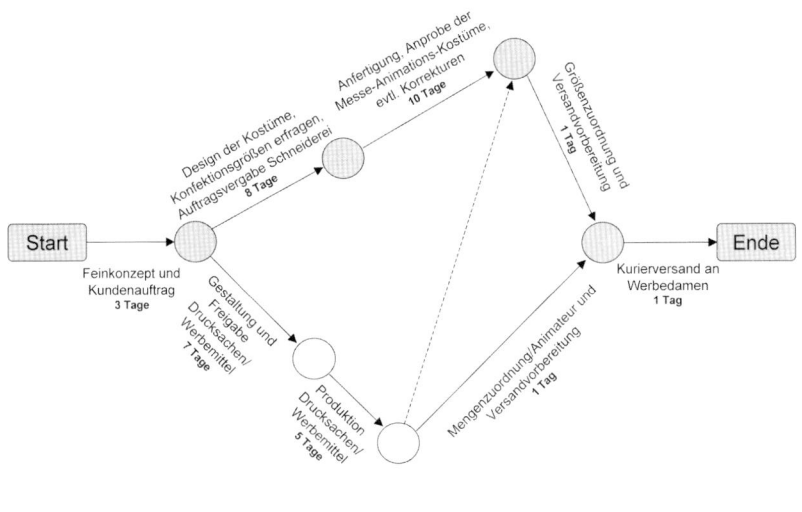

© Joachim Böttcher

Warum eigentlich *kritischer* Pfad? Bei der Erstellung dieses Gesamtwerks können Sie zwar parallele Arbeiten verrichten, können aber insgesamt frühestens nach 23 Tagen fertig sein. Die Schritte zur Gestaltung und Anfertigung der Kostüme sind deshalb kritisch, da sich mit einer Verzögerung hierbei die Gesamtdauer des Projekts erhöhen würde. Eine Verzögerung bei der Gestaltung und Produktion der Drucksachen von bis zu sechs Tagen dagegen wäre völlig unerheblich für die Gesamtdauer des Projekts.

Bei zwei (oder nur wenig mehr) parallel absolvierbaren Arbeitspaketen mag das auf einem Blatt Papier oder am White Board noch gut von der Hand gehen. Werden die Abhängigkeiten zahlreicher, lohnt es, sich mit dem Einsatz einer Projektplanungssoftware anzufreunden.

Die kugelsichere Weste („Bullet-Proofing")

Hintergrund

Die Methode, eine oder mehrere Ideen gedanklich mit einer schusssicheren Weste auszustatten, verdanken wir den beiden Amerikanern Charles Kepner und Benjamin Tregoe. Beide gründeten Ende der 1950er-Jahre eine Beratungsfirma und gelten damit heute als Pioniere vieler moderner Arbeitsmethoden.

Mit dieser Methode können Sie einen Innovationsprozess geschickt abrunden und sind danach eigentlich perfekt vorbereitet, Ihre Idee Erfolg versprechend zu präsentieren: vor Kunden, der Geschäftsleitung, Medienvertretern oder sonstigen Personen, die maßgeblichen Einfluss auf die Umsetzung Ihrer Idee zu einer Innovation haben.

Material

Besonderes Material wird nicht benötigt. Bei Gruppendiskussionen empfiehlt es sich, an einem Flipchart zu arbeiten.

Durchführung

- Führen Sie für Ihre vermeintlich komplett durchdachte Idee und die zugehörige Planung ein sogenanntes negatives Brainstorming durch. Am besten geht dies, indem Sie sich fragen: „Was könnte schiefgehen? Was passiert dann?". Auf diese Weise identifizieren Sie eventuell noch Schwachstellen Ihrer Idee, Ihrer Argumentation bzw. Ihrer Planung. Und es ist sicher besser, Sie identifizieren diese vorab, als dass es Ihr Kunde in der Präsentation tut …

- Anschließend bewerten Sie alle Probleme, die auftreten können, indem Sie diese in eine Matrix wie die nachstehend abgebildete übertragen. Wie wahrscheinlich ist es, dass das Problem auftritt? Wie schlimm wären die vermeintlichen Auswirkungen dieses Problems? Auf diese Weise haben Sie das Problem zwar noch nicht gelöst, haben im Falle eines Falles aber die passenden Antworten parat (und wirken ganz nebenbei extrem gut vorbereitet und super-fachkundig).

- Sollten sich in der Box der Probleme mit hoher Eintrittswahrscheinlichkeit und großen negativen Auswirkungen zu viele ansammeln, müssen Sie Ihre Planung unter Umständen noch einmal überdenken, sprich: Sie müssen eventuell Prioritäten vergeben etc.

Für das Finden von Lösungen zu den so identifizierten planerisch-konzeptionellen Lücken können Sie erneut auf die in diesem Ratgeber aufgeführten Kreativitätstechniken (oder andere Ansätze zur Lösung von Problemen) zurückgreifen.

Die kugelsichere Weste ("Bullet-Proofing")

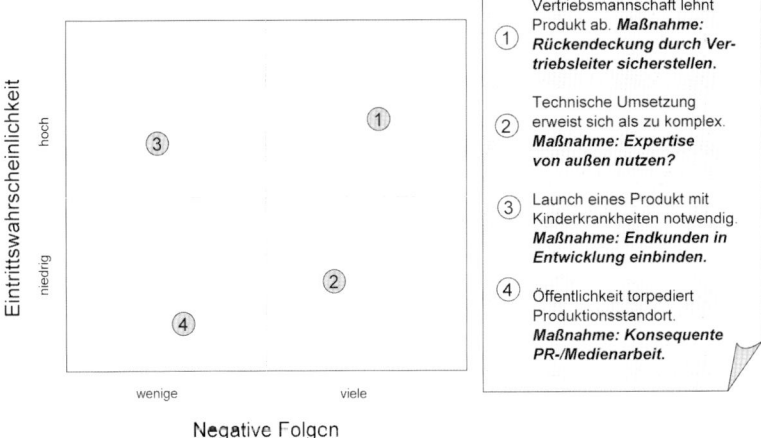

© Joachim Böttcher in Anlehnung an Kepner und Tregoe (1965)

Zugegeben, das Ganze kann einen mental ganz schön strapazieren und im Wortsinn regelrecht runterziehen. An dieser Stelle scheiden sich die Geister: Die einen halten die Schwarzmalerei kaum aus und hätten es gerne etwas optimistischer; die anderen wiederum stecken das locker weg, und diese steigern sich zu gerne immer weiter in die pessimistische Bewertung hinein. Beiden Spezies kann geholfen werden.

Wem das zu wenig pessimistisch ist, der kann das Identifizieren konzeptioneller Lücken auf die Spitze treiben, indem er immer und immer wieder die „Gesetze" des US-amerikanischen Ingenieurs Edward A. Murphy jr., besser bekannt als *Murphy's laws*, berücksichtigt. Sie lauten:

- Wenn etwas schiefgehen kann, dann geht es auch schief (Hauptgesetz).

- Wenn etwas auf verschiedene Arten schiefgehen kann, dann wird dies in der Art passieren, die am meisten Schmerzen verursacht.

- Glaubt man alle Möglichkeiten im Griff zu haben, auf die etwas schiefgehen kann, taucht sofort eine neue auf.

- Die Wahrscheinlichkeit, dass ein bestimmtes problematisches Ereignis eintritt, ist umgekehrt proportional zu seiner Erwünschtheit.

- Irgendwann wird es zur schlimmstmöglichen Verkettung von Umständen kommen.

Die anderen kehren den Namen Murphy und dessen Gesetze einfach um. Heraus kommen die „Yhprum"-Gesetze, deren Kernaussage in etwa folgendermaßen lautet: „Alles, was funktionieren kann, wird auch funktionieren." Mitunter stellt sich nämlich bei Systemen, die selbst Wissenschaftler akribisch auf ihr Funktionsprinzip durchleuchtet haben, heraus, dass neben Aspekten mit potenziell unerwünschten Effekten auch solche mit positiven Wechselwirkungen versehentlich außer Acht gelassen werden.

Eines der prominentesten Beispiele hierfür dürfte das vermeintliche Paradoxon der Flugfähigkeit von Hummeln sein.

Und sie fliegen doch

Ein Gerücht hält sich seit den 1930er-Jahren besonders hartnäckig: Die Hummel könne nach den Gesetzen der Physik bzw. Aerodynamik eigentlich gar nicht fliegen. Populär wurde das Gerücht, als ein renommierter Aerodynamiker versuchte, die Frage eines Biologen mit einer Berechnung zu beantworten, und zu einem negativen Ergebnis kam. Zusammengefasst hatte der Wissenschaftler seine Berechnungen etwa so:

- Die Hummel hat eine Flügelfläche von nur 0,7 cm².
- Eine Hummel wiegt etwas 1,2 Gramm.
- Dieses Verhältnis schließt Flugfähigkeit nach den Gesetzen der Aerodynamik eigentlich aus.

Der – es sei nochmals betont – äußerst renommierte Aerodynamiker hatte versehentlich einen ganz entscheidenden Parameter vergessen. Als sich stark mit Flugzeugkonstruktion beschäftigender Wissenschaftler ging er davon aus, die Flügel der Hummel seien steif.

Davon, dass kein Paradoxon vorlag, konnte er und kann sich auch heute ein jeder im Sommer auf zahlreichen Blumenwiesen anschaulich überzeugen.

Dennoch dauerte es noch über 60 Jahre, bis zum Jahr 1996, bis der Wissenschaftler Charles Ellington von der Universität Cambridge mit Hochge-schwindigkeitskameras einen experimentellen Nachweis erbrachte. Aufgrund der Flexibilität der Flügel unterscheiden sich die Aerodynamik eines steifen Flugzeug- und eines flexiblen Hummelflügels. Die Flexibilität und eine ganz spezielle Technik des Flügelschlags lassen Wirbel entstehen, die dem Insekt zusätzlichen – und offensichtlich entscheidenden – Auftrieb verleihen.

Oder anders: Und sie fliegen doch!

Und welche Lehre können Sie daraus ziehen? Sie können bei der Entwicklung von Ideen bis zur Reife des Produkts, sprich: bis zur Innovation, der Vogel-Strauß-Taktik und somit einer eher pessimistischen Haltung nachgeben. Bestenfalls dauert es dann auch 60 Jahre oder – wenn Sie Glück haben – zumindest bis nach Ihrem Eintritt in den Ruhestand, bis ein anderer der Welt verdeutlicht, dass die Idee doch funktioniert und sogar vermarktungsfähig ist.

Schlimmstenfalls ergeht es Ihnen sonst wie dem A&R-Manager des Plattenlabels Decca, Dick Rowe, der viele hervorragende Gruppen groß gemacht hat, dessen Name aber insbesondere in einem Zusammenhang immer wieder fällt: Rowe hatte sich am 1. Januar 1962 von vier jungen Herren 15 Songs vorspielen lassen, um die Band anschließend mit der Begründung, Gitarrengruppen kämen aus der Mode, doch abzulehnen.

Nur ein paar Monate später startete die Band bei einem anderen Label ihre beispiellos erfolgreiche Karriere. Zu dumm: Dick Rowe hatte der Band *The Beatles* eine Absage erteilt …

Oder – vorausgesetzt, die Idee hat es Ihnen wirklich angetan – Sie bleiben optimistisch. Genauso wie der Japaner Akio Morita, der allen Unkenrufen und firmeninternen Widerständen zum Trotz (so ein Vorhaben sei technisch zu aufwändig, hierfür existiere kein Markt etc.) von seiner Idee beseelt blieb, Musik für jedermann überall erlebbar zu machen.

Hierfür entwickelten er und seine Firma schließlich ein Gerät, das in den 1980er-Jahren die Art, Musik zu hören, revolutionierte und unter Jugendlichen zum wichtigen Statussymbol seiner Zeit wurde: das Produkt hieß „TPS-L2", besser bekannt unter der Bezeichnung *Walkman®*, die zum Begriff einer ganzen Gattung tragbarer Geräte der Unterhaltungsindustrie wurde. Allein Moritas Firma Sony verkaufte unter diesem Namen mehrere hundert Millionen Produkte.

Oder ganz anders: Sie können warten, bis ein anderer Ihre Idee später eventuell sogar erfolgreich umsetzt, oder, wenn Sie wirklich daran glauben, die richtigen Leute um sich scharen und die Sache umsetzen. Getreu dem Motto: Hummeln können fliegen. Systeme, die eigentlich nicht funktionieren sollten, tun es manchmal eben doch.

Und damit schließt sich der Kreis und Sie wären wieder bei einer der anfänglichen Aussagen dieses Ratgebers (siehe Vorwort) angelangt …

In diesem Sinne, nutzen Sie die gesteigerte Kenntnis Ihrer eigenen Person und die neuen Methoden zur systematischen Erzeugung vielversprechender Geistesblitze, damit es auch in Zukunft heißt:

Creo ergo sum – ich erschaffe, also bin ich!

ANHANG

Weiterführende Literatur und Referenzen

Belbin, R. M. (2003): *Team Roles at Work*, Oxford, Elsevier Ltd. Belbin® Team Roles sind ein eingetragenes Warenzeichen der Belbin Associates, Cambridge (UK).

Berne, E. (1970): *Games People Play*, Harmondsworth, Penguin Books, London.

Birkenbihl, V. F. (2005): *Stroh im Kopf? Vom Gehirn-Besitzer zum Gehirn-Benutzer*, mvg Verlag, Heidelberg.

Briggs Myers, I. und Myers, P. (1989): *Gifts Differing*, Palo Alto, CA: Consulting Psychologists Press. Myers-Briggs Type Indicator® und MBTI® sind eingetragene Warenzeichen des Myers-Briggs Type Indicator Trust. OPP® Ltd. (UK) besitzt die Lizenz von CPP, Inc. (USA) zur Führung dieses Warenzeichens in Europa.

Brinkmann, R. (1999): *Techniken der Personalentwicklung, Trainings- und Seminarmethoden*, I. H. Sauer Verlag, Heidelberg.

Burnside, R. M. (1991): *Visioning: building pictures of the future*, in: Henry, J. und Walker, D. (eds.) Managing Innovation, Sage, London.

Buzan, T. (1982): *Use Your Head*, Ariel Books, London. Der Begriff Mind Map® ist eingetragenes Warenzeichen der The Buzan Organisation, Buckinghamshire (UK).

Chernow, R. (1997): *The Death of the Banker: The Decline and Fall of Great Financial Dynasties and the Triumph of the Small Investor*, Random House, New York.

Christopher, M. und Payne, A.F.T., Ballantyne, D. (1991): *Relationship Marketing: Bringing Quality, Customer Service and Marketing Together*, Butterworth-Heinemann, Oxford.

Collins, J. und Porras, J. (1996): *Built to Last*, Century Business, London.

Csikszentmihalyi, M. (1997): *Kreativität*, Klett-Cotta Verlag, Stuttgart.

De Bono, E. (2000): *Six Thinking Hats*, Penguin Books, London.

Dilts, R. L. (1995): *Strategies of Genius*, Vol. 13, Meta Publications, Capitola.

Ekvall, G. (1991): *The organizational culture of idea management: a creative climate for the management of ideas*, in: Henry, J. und Walker, D. Managing Innovation, Sage, London.

Ford, D. et al. (2003): Managing Business Relationships, 2nd ed., Wiley, Chichester.

Freimuth, J. und Straub, F. (1996): *Demokratisierung von Organisationen – Philosophie, Ursprünge und Perspektiven der Metaplan®-Idee*, Gabler, Wiesbaden. Metaplan® ist eine eingetragene Marke der Metaplan®-Thomas Schnelle Gesellschaft für Planung und Organisation mbH.

Garfield, P. (1976): *Creative Dreaming*, Ballantine, New York.

Gay, F. (2004): *Das DISG-Persönlichkeits-Profil*, Gabal.

Geschka, H., Schaude, G. R. und Schlicksupp, H. (1973): *Modern Techniques for Solving Problems*, in: Chemical Engineering, August.

Gendlin, E. T. (1982): *Focusing*, Bantam New Age Books, New York.

Grant, R. M. (2002): *Contemporary Strategy Analysis: concepts, techniques, applications*, 4. Auflage, Blackwell, Oxford.

Gu, X. (2002): *Konfuzius zur Einführung*, Junius Verlag, Hamburg.

Harker, M. J. (1999): *Relationship marketing defined? An examination of current relationship marketing definitions*, in: Marketing Intelligence and Planning, Vol. 17, Nr. 1, S. 13–20.

Harris, T. A. (2005): *I'm OK, You're OK*, Galahad Books, New York.

Henry, J. (2001): *Creativity and Perceptions in Management*, Milton Keynes: Open University Press.

Imai, M. (1997): *Gemba Kaizen. A Commonsense, Low-Cost Approach to Management*, McGraw-Hill Professional.

Isaksen, S. G., Dorval, K. B. und Treffinger, D. J. (1994): *Creative Approaches to Problem Solving*, Kendall Hunt, Dubuque, Iowa.

Ishikava, K. (1984): *Guide to Quality Control*, Asian Productivity Organization, Japan.

Jung, C. G. (1960): *Psychologische Typen*, Rascher & Co., Zürich.

Kao, J. (1996): *Jamming: the art and discipline of business creativity*, 1st edition, HarperCollins Publishers Inc., New York.

Katzenbach, J. R. und Smith, D. K. (2003): *The Wisdom of Teams: Creating the High-Performance Organization,* HarperCollins Publishers, New York.

Kay, J. (1993): *Foundations of Corporate Success*, Oxford University Press, Oxford.

Kepner, C. H. und Tregoe, B. B. (1965): *The Rational Manager*, McGraw-Hill.

Kipling, R. (1998): *Just So Stories for Little Children*, Oxford University Press, Oxford.

Klein, S. (2005): *Alles Zufall*, Rowohlt.

Lewin, K. (1948): *Resolving social conflicts: selected papers on group dynamics*, HarperCollins Publishers, New York.

Mabey, C. und Caird, S. (1999): *Building Team Effectiveness*, Open University, Milton Keynes.

Margerison, C. und McCann, D. (1995): *Team Management—Practical New Approaches*, Management Books 2000 Ltd., Kemble (GB). Team Management System® und Team-Rad® sind eingetragene Warenzeichen, deren Verwendung mit freundlicher Genehmigung von TMS Development International Ltd. (GB) erfolgte.

Michalko, M. (2003): *Erfolgsgeheimnis Kreativität*, mvg Verlag, Frankfurt/Main.

Molcho, S. (2002): *Alles über Körpersprache. Sich selbst und andere besser verstehen*, Goldmann.

Morita, A., Reingold, M. und Shimomura, M. (1988): *Made in Japan. Eine Weltkarriere*, Droemer-Knaur, München.

Nöllke, M. (2002): *Kreativitätstechniken*, Haufe Verlag, Planegg.

Nolan, V. (1989): *The Innovator's Handbook: The Skills of Innovative Management: Problem Solving, Communication and Teamwork*, Penguin Books, London.

Nonaka, I. und Takeuchi, H. (1995): *The Knowledge-Creating Company: How Japanese Companies Create the Dynamics of Innovation*, Oxford, Oxford University Press.

O'Dell, C. und Grayson, J. (1998): *If Only We Knew What We Know*, Free Press, New York.

Osborn, A. F. (1957): *Applied Imagination*, Charles Scriber's Sons, New York.

Ouchi, W. G. (1983): *Theory Z: How American Business Can Meet the Japanese Challenge: How American Business Benefits from Japanese Management Models*, Perseus Books.

Parasuraman, A., Zeithaml, V. und Berry, L. (1988): *SERVQUAL: A Multiple-Item Scale for Measuring Consumer Perception of Service Quality*, in: Journal of Retailing, Vol. 64, Nr. 1, S. 12–40.

Piercy, N. F. (2002): *Market-Led Strategic Change. A Guide to Transforming the Process of Going to Market*, Butterworth Heinemann.

Porter, M. E. (1980): *Competitive Strategy: Techniques for Analyzing Industries and Competitors*, New York, Free Press.

Porter, M. E. (1984): *Competitive Advantage*, New York, Free Press.

Rackham, N. (2000): *SPIN® Selling: Situation – Problem – Implication – Need pay-off*, Penguin Books. SPIN® ist eingetragenes Warenzeichen der Huthwaite Research (USA).

Reyneso, J. F. und Payne, A. (1996): *Internal relationships*, in: Relationship Marketing Theory and Practice, Buttle, F. (ed.), Paul Chapman Publishing, London, S. 55–73.

Rheinberg, F. (2004): Motivation, 5. Auflage, Kohlhammer, Stuttgart.

Satir, V. (1994): *Peoplemaking*, Souvenir Press Ltd.

Saum-Aldehoff, T. (2007): *Big Five – Sich selbst und andere erkennen*, Patmos, Düsseldorf.

Schlicksupp, H. (2004): *Ideenfindung*, Vogel, Würzburg.

Schulz von Thun, F. (1981, 1990, 1999) *Miteinander reden. Band 1–3*, Rowohlt, Reinbek.

Shostack, G. L. (1977): *Breaking free from product marketing*, Journal of Marketing, Ausgabe 41, April.

Thurstone, L. L. (1929): *The measurement of attitudes*, University Press, Chicago.

Treacy, M. und Wiersema, F. (1996): *Discipline of Market Leaders: Choose Your Customers, Narrow Your Focus, Dominate Your Market*, HarperCollins, London.

Tuckman, B. W. (1965): *Developmental sequences in small groups*, Psychological Bulletin, 63, S. 348–399.

Van Gundy, A. B. (1988): *Techniques of Structured Problem Solving*, 2nd ed., Van Nostrand Reinhold.

Wack, P. (1991): *Scenarios: uncharted waters ahead*, in: Henry, J. and Walker, D. (eds.) Managing Innovation, Kapitel 25, Sage, London.

Warfield, J. N., Geschka, H. und Hamilton, R. (1975): *Methods of Idea Management*, The Academy for Contemporary Problems, Columbus (Ohio).

Watzlawick, P., Beavin, J. und Jackson, D. (2007): *Menschliche Kommunikation*, 11. Auflage, Huber, Bern.

Yellott, J. I. (1977): *The relationship between Luce's choice axiom, Thurstone's theory of comparative judgement, and the double exponential distribution*, Journal of Mathematical Psychology.

Zeithaml, V. A. und Bitner, M. J. (1996): *Services Marketing*, McGraw Hill.